Die
Beseitigung der Kohlennot

Unter besonderer Berücksichtigung der Elektrotechnik

Von

Dr. Ing. e. h. G. Dettmar
Generalsekretär des Verbandes Deutscher Elektrotechniker

Mit 45 Textabbildungen

Springer-Verlag Berlin Heidelberg GmbH
1920

ISBN 978-3-662-24222-3   ISBN 978-3-662-26335-8 (eBook)
DOI 10.1007/978-3-662-26335-8

Vorwort.

Die Kohlennot ist heute wohl eine der wichtigsten Angelegenheiten, die wir in Deutschland haben, denn ihre Beseitigung ist
Voraussetzung für einen Wiederaufbau des Vaterlandes. Da ich
nun während meiner langjährigen Tätigkeit als Leiter der Abteilung Elektrizität des Reichskommissars für die Kohlenverteilung und der Elektrizitätswirtschaftsstelle oft Veranlassung
hatte, über die mit der Kohlennot zusammenhängenden Fragen
nachzudenken, hielt ich mich für verpflichtet, meine Erfahrungen
den engeren Fachgenossen bekanntzugeben. Bei der Aus-
arbeitung eines diesbezüglichen Aufsatzes für die Elektrotechnische
Zeitschrift zeigte sich aber, daß das zu behandelnde Material so
außerordentlich umfangreich war, daß es nicht möglich erschien,
alles in einem Aufsatze erschöpfend zu behandeln. Ich entschloß
mich daher, noch eine vollständigere Bearbeitung in Buchform vorzunehmen, damit denjenigen, die sich eingehender mit der Angelegenheit befassen wollen, auch alle notwendigen Unterlagen
zur Verfügung gestellt werden konnten. Fernerhin wurde durch
die erweiterte Bearbeitung meines Aufsatzes der Kreis der Inter-
essierten erheblich vergrößert, so daß der größte Teil des Inhaltes
dieses Buches für alle Ingenieure, Industriellen und überhaupt
alle an der Wiederaufrichtung der deutschen Wirtschaft Inter-
essierten von Bedeutung sein dürfte.

Berlin, im Juli 1920.

G. Dettmar.

Inhaltsverzeichnis.

A. Die Kohlenlage.

Bedeutung der Kohle — Friedensvertrag — Förderung und Bedarf 1913 —
Förderung und Bedarf 1920 — Mißverhältnis — Transportschwierigkeiten

Die Kohle ist einer der wichtigsten Faktoren unseres Wirt-
schaftslebens; steht sie nicht in genügender Menge zur Verfügung,
so müssen sich die schwersten Schädigungen ergeben. Es ist
nun aber kein Zweifel, daß Deutschland für viele Jahre,
wenn nicht gar für einige Jahrzehnte, unter einer
schweren Kohlennot zu leiden haben wird, und zwar
als Folge der Revolution und des Friedensvertrages.
Für unser gesamtes Wirtschaftsleben ist es also von allerhöchster
Bedeutung, sich Klarheit darüber zu verschaffen, wie die Kohlenlage in der kommenden Zeit sich gestalten wird und wie die Kohlennot möglichst schnell beseitigt werden kann.

Da Deutschlands Grenzen noch immer nicht feststehen, ist es
zurzeit noch nicht möglich, abschließende und genaue Zahlen über
die Förderung von Kohlen und den Bedarf an ihnen anzugeben.
Ganz besonders schwierig ist dies jetzt deswegen, weil das Schick-
sal Oberschlesiens noch unentschieden ist und es auch noch Monate
dauern wird, bis eine Entscheidung gefallen ist. Bei der außer-
ordentlichen Bedeutung Oberschlesiens für die Kohlenwirtschaft
Deutschlands ist der Einfluß naturgemäß ein sehr großer.

Im Jahre 1919 betrug die Förderung Oberschlesiens an Steinkohlen 25,5 Mill. t gegenüber der Gesamtförderung von 116,5 Mill. t.
Der Anteil Oberschlesiens beträgt demnach 22%. Wenn auch
durch den Friedensvertrag in gewissen Grenzen eine Versorgung
Deutschlands mit Kohle von Oberschlesien aus, auch bei Verlust
dieses Landesteiles, vorgesehen ist, so muß doch, falls Oberschlesien
zu Polen kommt, mit einer starken Minderbelieferung gegenüber
dem bisherigen Zustande gerechnet werden, ganz abgesehen davon,
daß der Preis der aus einem polnischen Oberschlesien kommenden
Kohle noch unbekannt ist und daß die Zuverlässigkeit der Liefe-
rung wohl oft recht fraglich sein wird.

Der Artikel 90 des Friedensvertrages, der die zukünftigen Kohlenlieferungen aus Oberschlesien betrifft, hat folgenden Wortlaut:

„Polen verpflichtet sich während eines Zeitraumes von 15 Jahren die Ausfuhr der Bergwerkserzeugnisse nach Deutschland aus allen denjenigen Teilen Oberschlesiens zu gestatten, die auf Grund des gegenwärtigen Vertrages an Polen übergehen.

Diese Erzeugnisse bleiben von allen Ausfuhrabgaben sowie allen auf ihrer Ausfuhr lastenden Gebühren oder Beschränkungen frei.

Polen verpflichtet sich desgleichen, alle Maßnahmen zu ergreifen, die erforderlich sind, damit der Verkauf der verfügbaren Erzeugnisse dieser Gruben an Käufer in Deutschland unter ebenso günstigen Bedingungen erfolgt, wie der Verkauf ähnlicher Erzeugnisse, die unter entsprechenden Verhältnissen an Käufer in Polen oder in irgend einem anderen Lande verkauft werden."

Die Förderung an Steinkohle und Braunkohle hat in Deutschland in den letzten Jahren folgende Werte erreicht:

Jahr	Steinkohle	Braunkohle
	Mill. Tonnen	
1913	190	87
1914	161	84
1915	147	88
1916	159	94
1917	167	95
1918	160,5	100,6
1919	116,5	93,8

Die Aus- und Einfuhr an Stein- und Braunkohle stellte sich im Jahre 1913 nach Dr. E. Jüngst, wie folgt:

Steinkohlen-Einfuhr . . . . 11 327 340 t
„ Ausfuhr . . . . 44 964 219 „
Braunkohlen-Einfuhr . . . 7 186 657 „
„ Ausfuhr . . . 1 954 841 „

Man ersieht aus vorstehendem also, daß im Jahre 1913 die Steinkohlenförderung in Deutschland ungefähr 190 Mill. t betragen hat. Damals war noch eine ziemlich erhebliche Ausfuhr und eine verhältnismäßig geringe Einfuhr von Kohle vorhanden. Der Ausfuhrüberschuß betrug ungefähr 33 Mill. t, so daß also im letzten vollen Friedensjahr rund 157 Mill. t in Deutschland verbraucht wurden. Bei Braunkohle betrug die Förderung im Jahre 1913 rund 87 Mill. t. Die Ausfuhr war ungefähr 2 Mill. t, während die Einfuhr rund 7 Mill. t betrug. Wir hatten also im Jahre 1913 einen Verbrauch von ungefähr 92 Mill. t Braun-kohle. Von diesen Zahlen ausgehend, kann man ungefähr ermitteln, wie groß der Bedarf in den nächsten Jahren sein würde, wenn er voll befriedigt werden könnte. Wie später gezeigt wird, kann durch geeignete Sparmaßnahmen und Erhöhung der Wirtschaftlichkeit in einigen Jahren eine Verminderung des Bedarfes erzielt werden. Weiterhin ist zu beachten, daß die Einwohnerzahl Deutschlands durch Verlust großer Gebietsteile gesunken ist, so daß man schätzungsweise annehmen kann, der Bedarf an Steinkohlen würde in den nächsten Jahren ungefähr 135 Mill. t betragen, der an Braunkohlen ungefähr 75 Mill. t. Hierzu kommt aber noch die Erfüllung des Friedens-

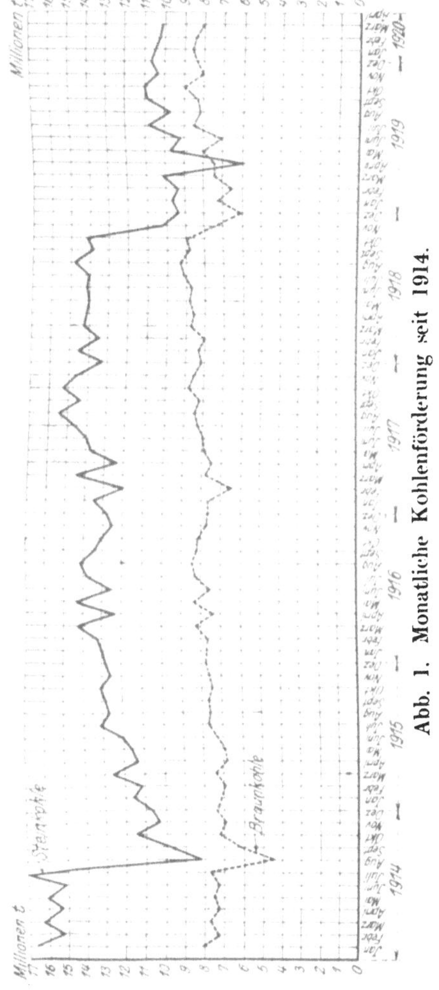

Abb. 1. Monatliche Kohlenförderung seit 1914.

vertrages, nach welchem 43.3 Mill. t Steinkohlen abzuliefern sind, daß also der Steinkohlenbedarf auf rund 178 Mill. steigt.

Wir wollen nunmehr sehen, wieviel Kohlen in diesem Jahre werden voraussichtlich gewonnen werden können. Abb. 1 zeigt die Entwicklung der monatlichen Förderung an Stein- und Braunkohlen vom Jahre 1914 ab.

Man ersieht daraus, daß erfreulicherweise die durch den Kriegsausbruch und namentlich durch die Revolution stark gesunkene Förderung wieder im Steigen begriffen ist. Unter der Voraussetzung, daß ein umfangreicher Streik, wie er im April 1919 vorhanden war, für die nächste Zeit vermieden wird, kann man hoffen, daß im Durchschnitt die monatliche Förderung bei Steinkohle einschließlich Oberschlesien auf etwa 10,5 Mill. t und bei Braunkohle auf etwa 8,3 Mill. t kommen wird. Man kann danach annehmen, daß im Jahre 1920, ohne Berücksichtigung der Ein- und Ausfuhr durch eigene Förderung, zur Verfügung stehen werden 126 Mill. t Steinkohle und 100 Mill. t Braunkohle, gegenüber 116,5 Mill. t Steinkohle und 93,8 Mill. t Braunkohle im Jahre 1919. Man ersieht also daraus, daß ein großes Mißverhältnis zwischen *Bedarf* und *vorhandener Menge* besteht. Es ergibt sich für Steinkohlen ein Fehlbetrag von 52 Mill. t. Da nun die Beschaffung von Lebensmitteln und Rohstoffen zunächst eine Ausfuhr von Kohle unbedingt notwendig macht, so erhöht sich dieser Fehlbetrag noch. Bei der Braunkohle liegen die Verhältnisse günstiger. Einem Bedarf von 75 Mill. t steht eine Förderung von 100 Mill. t gegenüber, so daß sich ein Überschuß von 25 Mill. t ergibt. Wenn diese zur Deckung der fehlenden Steinkohlen herangezogen werden, können sie etwa 8 Mill. t Steinkohle gleich gesetzt werden, unter der Annahme, daß ungefähr 10 Mill. t Steinkohle ausgeführt werden müssen, würde demnach ein Mangel an Steinkohle von insgesamt 54 Mill. t vorhanden sein. Das entspricht ungefähr 28 % der Friedensförderung von Stein- und Braunkohle zusammen. Auf unseren jetzigen Bedarf bezogen macht die Fehlmenge rund 34 % aus, woraus sich die zur Zeit notwendigen starken Einschränkungen erklären. Berücksichtigt man nun, daß für viele Verbrauchszwecke, wie Kohlenförderung, Verkehr, Ernährung, Bekleidung usw., eine solche Einschränkung unmöglich ist, und daß auf längere Zeit die letztjährige Belieferung für Kochen und Wohnungsbeheizung nicht weitergeführt werden kann, so ergibt sich, daß für andere Zwecke eine Fehlmenge von weit über 40 % entsteht. Man sieht also daraus, daß unser gesamtes Wirtschaftsleben im Laufe dieses Jahres und auch in den nächsten Jahren noch starken Einschränkungen unterworfen bleiben muß, wodurch natürlich der Wiederaufbau und die Erfüllung des Friedensvertrages unmöglich gemacht bzw. stark verzögert wird. Beim Verlust von Oberschlesien erhöht sich die Fehlmenge auf rund 80 Mill. t, was etwa 50 % des jetzigen Bedarfes entspricht. Der nicht bevorzugte Bedarf muß also dann ungefähr um 60 % eingeschränkt, d. h. er kann nur ungefähr zu $1/_3$ befriedigt werden!

Bei Betrachtung der Kohlenlage ist es nicht nur von Bedeutung, sich klar darüber zu werden, wieviel Kohlen gefördert, sondern es ist wichtig zu wissen, ob die vorhandenen Kohlen auch befördert werden können. Schon in Friedenszeiten hatten wir Perioden von Schwierigkeiten in der Kohlenversorgung. Nach der Ernte, wenn die Transportmittel für Getreide, Rüben, Kartoffel usw. stark in Anspruch genommen waren und während der Frost- und Hochwasserperioden, in denen der Wassertransport, eingeschränkt oder ganz weggefallen war, und für die Wasserkraftanlagen die Dampfreserven eintreten mußten, hatten sich schon immer Schwierigkeiten ergeben, die aber durch rechtzeitige Bevorratung der wichtigsten Verbraucher und durch große Läger bei den Händlern überwunden werden konnten. Das ist jetzt aber nicht mehr möglich, da eine Bevorratung durch den Tiefstand unserer Förderung wie zum Teil auch durch den Tiefstand unserer Transportmittel nicht möglich ist und auf lange hinaus nicht möglich sein wird. Es ist also auch von großer Bedeutung, die Transportschwierigkeiten möglichst bald zu beheben und dadurch zum Teil auch die Kohlennot zu lindern. Durch Vermehrung unseres Bestandes an Wagen und Lokomotiven, namentlich aber durch Beschleunigung der Reparaturen der betriebsunfähigen Transportmittel, kann eine wesentliche Verbesserung in der Kohlenversorgung erzielt werden.

B. Die vermehrte Gewinnung von Brennstoffen.

Erhöhung der Steinkohlenförderung — Erhöhung der Braunkohlenförderung — Erhöhung der Förderung von Torf — Erhöhung der Gewinnung von Holz — Erhöhung der Gewinnung von Petroleum — Folgerungen.

Bei dem vorstehend nachgewiesenen großen Mißverhältnis zwischen Förderung und Bedarf ist es nicht möglich, den Übelstand nur dadurch zu beseitigen, daß entweder die Förderung erhöht oder der Verbrauch verringert wird, sondern es können nur beide Wege zum Ziele führen: Erhöhung der Förderung und Verringerung des Verbrauches. Dementsprechend soll nunmehr untersucht werden, inwieweit es möglich ist, die Förderung von Steinkohle und Braunkohle zu erhöhen und Ersatzbrennstoff wie Torf, Holz usw. zu gewinnen und im Anschluß daran, welche Aussichten zur Verringerung des

Verbrauches bestehen. Nach Dr. E. Jüngst[1]) sind in Deutschland folgende Mengen an Steinkohle bis 1200 m Teufe vorhanden:

	Sichere Vorräte		Sichere und wahrscheinliche Vorräte	
	Mill. t	%	Mill. t	%
Deutsches Reich	56 889	100	194 547	100
Davon:				
Saarbecken [2])	9 769	17,17	9 769[3])	5,02
Oberschlesien	7 368	12,95	106 742	54,87
Linksrheinisches Gebiet .	10 458	18,38	10 458[3])	5,38

Das naheliegendste Mittel zur Erhöhung der Förderung von Steinkohle ist natürlich die Erhöhung der Belegschaft. Leider ist aber die Durchführung desselben in Wirklichkeit äußerst schwierig. Zunächst handelt es sich darum, eine große Anzahl gelernte und erfahrene Arbeiter zu bekommen. Denn nur für einen Teil der Arbeiten sind ungelernte Arbeiter verwendbar. Selbst wenn es also möglich wäre, die nötigen gelernten Arbeitskräfte zu beschaffen und dementsprechend auch ungelernte Arbeiter beschäftigen zu können, so scheiterte die Durchführung an dem Fehlen von Wohnungen. Es müssen solche also erst geschaffen werden, und das dauert unter den heutigen Verhältnissen mehrere Jahre. Soweit es unter den bestehenden Verhältnissen möglich war, ist die Belegschaft schon erhöht worden, wie aus nachstehender Tabelle sich ergibt:

Belegschaftsstärke [4]).

		Gesamt-Steinkohlen	Ober-schlesien	Ruhr
Juli . . .	1914	653 200	132 500	427 400
Januar . .	1915	475 100	102 900	305 700
Juli . . .	1916	585 200	132 400	374 300
Juli . . .	1918	710 300	160 400	452 700
November .	1918	635 600	146 400	395 000
September .	1919	687 700	148 900	434 000
Oktober . .	1919	710 600	152 300	452 400

---

[1]) Glückauf 1919, S. 486.

[2]) Das Saarbecken begreift den preußischen Saarbezirk sowie den angrenzenden Teil Lothringens und der bayerischen Pfalz.

[3]) Für diese beiden Bezirke sind keine wahrscheinlichen Vorräte angegeben.

[4]) Nachrichten für Handel, Industrie und Landwirtschaft. Nr. 148 vom 20. Dezember 1919.

Die Zentralarbeitsgemeinschaft hat vorgeschlagen, die Belegschaft um weitere 150 000 Mann zu erhöhen, wofür ungefähr 100 000 Wohnungen neu gebaut werden müssen. Das erfordert unter den heutigen Verhältnissen ein Kapital von mindestens 6 Milliarden und eine Zeit von mehreren Jahren. Ohne daß man diesen Weg außer acht läßt, dessen Beschreitung für das Ruhrgebiet durch das Gesetz vom 5. V. 20 betreffend Verbandsordnung für den Siedlungsverband Ruhrkohlenbezirk nunmehr gesichert ist, erscheint es aber wichtig, außerdem einen anderen Weg besonders im Auge zu behalten, der zur Steigerung der Leistungen möglich ist, nämlich die Hebung der Arbeitsleistung pro Schicht eines Arbeiters. Ein gewisser Erfolg ist in dieser Beziehung seit Mai 1919 schon eingetreten, wie sich aus nachstehender Tabelle, die einem Bericht des „Reichskommissars für die Kohlenverteilung" entnommen ist. ergibt.

		Leistung pro Kopf und Schicht der Gesamtbelegschaft	Untertagearbeiter	Dauer der Schichtzeit unter Tage einschließl. Ein- und Ausfahrt	Leistung der Untertagearbeiter pro Kopf und Arbeitsst.
		kg	kg	Stunden	kg
	1913	883	1159	$8^1/_2$	136,3
Januar	1919	663	973	8	121,6
Februar	1919	646	961	8	120,1
März	1919	665	983	8	122,9
April	1919	409	749	bis 8. IV. $7^1/_2$	
				ab 9. IV. 7	104,4
Mai	1919	596	875	7	125,0
Juni	1919	614	902	7	129,0
Juli	1919	633	919	7	131,3
August	1919	629 = 71% von 1913	915 = 79% von 1913	7	130,7 = 96% von 1913

Die Angaben beziehen sich auf den Ruhrbergbau und zeigen, daß bei den Untertagearbeitern die Minderleistung fast nur noch auf die Verkürzung der Schichtzeit zurückzuführen ist. Es sei noch besonders darauf hingewiesen, daß die vorstehenden Angaben über die Leistungen sich nur auf das Gewicht beziehen. Da nun aber die Güte der Kohle in den letzten Jahren ganz bedeutend nachgelassen hat. so ist trotz der in vorstehender Zahlentafel angegebenen Steigerung der Leistung doch noch immer in bezug auf Wärmeeinheiten ein sehr viel schlechterer Zustand zurzeit vorhanden, als er vor dem Kriege war. Da die Verschlechterung der Kohle im Mittel mindestens 15% beträgt, so ergibt sich, daß auch im August 1919 noch eine Minderleistung der Untertagearbeiter pro Kopf und Arbeitsstunde von $20\,\%$ gegenüber 1913 vorhanden war. Es scheint leider, als wenn bezüglich der Hebung der Güte der Kohle nicht viel Erfolg zu erzielen sei; das mag wohl daher kommen, daß sowohl die Besitzer der Bergwerke wie auch die Händler unter den jetzigen Verhältnissen nicht sehr viel Interesse daran haben. Bei der Zwangslage, in der sich der Abnehmer befindet, muß er eben die Steine wie Kohle bezahlen, da er ja jetzt froh sein muß, wenn er überhaupt Kohle erhält. Durch Verbesserung der Ernährungsverhältnisse dürfte sich eine Hebung der Leistung des einzelnen Arbeiters mit der Zeit ergeben. Weiterhin ist zu beachten, daß durch eine Verbesserung der Betriebseinrichtungen eine weitere Steigerung möglich sein muß. Während des Krieges mußte in gewissem Sinne Raubbau getrieben werden, dessen Folgen sich natürlich jetzt zeigen. Durch Vervollständigung und Verbesserung der Einrichtungen muß es aber möglich sein, eine Steigerung der Förderung herbeizuführen. Zu der Verbesserung der Gewinnungsverhältnisse wird nun die Elektrotechnik viel beitragen können. Schon jetzt spielte die Elektrizität in der Steinkohlengrube eine große Rolle; durch weitere Anwendung der Elektrizität wird sich sicher eine Steigerung der Förderung erzielen lassen. Hierfür kommt in Frage erweiterte Anwendung elektrischer Hauptschacht-Fördermaschinen und Förderlokomotiven. Ferner der elektrische Betrieb von Wasserhaltungen und von Bewetterungsanlagen.

Auch eine bessere Organisation im Sinne Taylors wird für eine Steigerung der Förderung wahrscheinlich sehr nützlich sein.

Die Vermehrung der Zahl der Schächte wird naturgemäß zu einer erhöhten Förderung führen. Die Wirkung einer solchen Maßnahme tritt aber erst im Laufe von 10 und mehr Jahren ein. Das ist natürlich kein Grund, sie zu unterlassen. Im Gegenteil sollten die Vorbereitungen möglichst bald getroffen werden, damit in späteren Jahren ein Erfolg auf diese Weise erzielt wird. Leider ist aber zunächst wenig von diesen Hilfsmitteln zu erhoffen, da die wirtschaftliche und namentlich die politische Lage nicht dazu anregen, große Kapitalien festzulegen, von denen man nicht weiß, was aus ihnen später wird. Die Folge davon ist, daß die Anlage neuer Schächte von privater Seite aus zunächst nur mit Zögern unternommen werden dürfte. Es bleibt also nur die Hoffnung, daß das Reich an die Abteufung neuer Schächte in erheblichem Umfange herangeht. Vielleicht bringt hier der Gesetzentwurf zur

Aufschließung von Steinkohlen, der kürzlich der preußischen Landesvertretung zugegangen ist, eine Besserung. Er ist von besonderer Bedeutung zur Erschließung einiger Vorkommen in geringer Tiefe, z. B. solcher in der Nähe von Minden und Osnabrück.

Ein Fortschritt, der verhältnismäßig schnell erzielt werden könnte, wäre zu suchen in der Verbesserung der Güte der Kohle. Dadurch wird natürlich die Menge nicht vermehrt, aber es werden die Transportverhältnisse erheblich erleichtert. Außerdem wird die Verwendung der Kohle wesentlich leichter gestaltet und auf diese Weise eine Ersparnis an Kohle erzielt. Der große Gehalt an Steinen bewirkt naturgemäß eine schlechtere Ausnutzung der Kohle, da ja die Steine mit auf die hohe Temperatur gebracht werden müssen. Außerdem wird durch weniger häufiges Abschlacken der Verlust an Kohle vermindert. Eine Verbesserung der Güte der Kohle würde also nicht nur eine Entlastung der Beförderungsmittel und eine Entlastung der Heizer bedeuten, sondern auch eine Ersparnis an Kohle. Während vor dem Kriege die Kohle nur ungefähr 8—10 % Steine enthalten hat, hat sie jetzt vielfach 20,30 und mehr Prozent davon. Nach genauen Angaben eines Kraftwerkes betrug der mittlere Gehalt an unverbrennbaren Rückständen im letzten halben Jahre rund 22 % und er stieg zeitweilig auf 50—60 %. Der durchschnittliche Heizwert betrug 5750 W.E. gegen 6700 W.E. in den Jahren 1912 und 1913. Zeitweilig beträgt der Heizwert jetzt nur 3000—4000 W.E.

Eine weitere Verbesserung ließe sich auch dadurch erzielen, daß die Sortierung wieder besser durchgeführt wird und die Wäschen usw. wieder voll in Betrieb genommen werden. Insbesondere würde sich noch durch Verbesserung der maschinellen Einrichtungen der Aufbereitungen der Verlust an Kohle erheblich verringern lassen. Nach Dipl. Ing. A. Wirth[1] würde es möglich sein, daß der Bestand der Halden an Kohle, der jetzt vielfach noch bis zu 35 % beträgt, wesentlich heruntergesetzt werden kann.

Nach Prof. Dr. Herbst läßt sich durch Verminderung der Rohstoffverluste im Kohlenbergbau[2] noch eine nicht unerhebliche Menge Kohlen gewinnen. Er kommt nach eingehender Auseinandersetzung der Einzelheiten bezüglich der Verluste im Steinkohlenbergbau zu folgendem Ergebnis:

---

[1] Zeitschrift des Vereins Deutscher Ingenieure 1920, Heft 11, S. 247.
[2] Technik und Wirtschaft 1918, S. 433.

„Die Verluste in Gestalt von nicht abgebauten oder im Verarbeitungsgange wieder ausgeschiedenen oder unausgenutzt gebliebenen Kohlenmengen, die sich aus den einzelnen Ursachen gemäß den vorstehenden Ausführungen ergeben, zahlenmäßig festzulegen, ist bei der Unsicherheit der Unterlagen nicht möglich. Um aber wenigstens eine Vorstellung von den mutmaßlichen Gesamtverlusten und ihrer Verteilung im einzelnen zu geben, möge eine rohe Schätzung für den Steinkohlenbergbau auf der Grundlage der Förderung von 1913 (rd. 190 Mill. t) versucht werden. Angenommen ist dabei, daß rd. 140 Mill. t durch den Aufbereitungsbetrieb gegangen sind, und zugrunde gelegt sind die folgenden Verhältniszahlen:

1. Abbauverluste (Verluste bei der Kohlengewinnung selbst) $7\,^0/_0$ der in den abgebauten Flözteilen anstehenden Mengen.
2. Verluste in Gestalt von nicht als abbauwürdig angesehenen Flözen und Flözteilen (Lagerstättenverluste): $5\,^0/_0$ der in den betriebenen Grubenabteilungen anstehenden Mengen,
3. Verluste in Sicherheitspfeilern aller Art: $4\,^0/_0$ dieser Kohlenmengen,
4. Aufbereitungsverluste: $8\,^0/_0$ der aufbereiteten Kohlenmengen.

Es ergeben sich dann (mit Ab- bzw. Aufrundung) die

$$\text{Abbauverluste zu}\ \frac{190}{0,93} - 190 = 204,5 - 190 = \qquad 14,5\ \text{Mill. t}$$

$$\text{Lagerstättenverluste zu}\ \frac{204,5}{0,95} - 204,5 = 215 - 204,5\quad 10,5\ \text{„}\quad\text{„}$$

$$\text{Sicherheitspfeilerverluste zu}\ 215 \cdot 0,04 = \qquad\qquad 8,5\ \text{„}\quad\text{„}$$

$$\text{Aufbereitungsverluste zu}\ \frac{140}{0,92} - 140 = 152 - 140 = \quad 12,0\ \text{„}\quad\text{„}$$

Gesamtverluste zu 45,5 Mill. t

Als Gesamtergebnis folgt, daß durch den Aufbau der Kohlengewinnung und -verteilung auf breiterer Grundlage, nach volkswirtschaftlichen Gesichtspunkten, sich sowohl bei der Steinkohle wie bei der Braunkohle bereits auf dem Wege zwischen Lagerstätte und Verladung sehr erhebliche, Hunderte von Millionen Mark jährlich betragende Ersparnisse am Volksvermögen erzielen lassen, ganz abgesehen davon, daß der Aufwand an Anlage- und Betriebswerten und Arbeitskräften verringert wird. Nötig wird dazu freilich ein verständnisvolles Handinhandarbeiten sein, nicht nur der einzelnen Bergwerksbetriebe unter sich, sondern auch der großen

Verbände für die beiden im Wettbewerb miteinander stehenden
Brennstoffe. Auch wird ein Teil der zu lösenden Riesenaufgabe
den Eisenbahnverwaltungen in Gestalt von Tarifmaßnahmen zu-
fallen, und nicht zum wenigsten wird schließlich von den Abneh-
mern ein vernünftiger Verzicht auf gewisse Vorteile, deren sie
sich bisher hinsichtlich des geringen Aschengehaltes, der hand-
lichen Brikettform, der sorgfältig abgesiebten Kornklassen ihrer
Brennstoffe erfreuten, erwartet werden müssen. Die für die Zukunft zu erwartende Steigerung der Kohlenpreise wird diesen
Verzicht erleichtern."

Ebenso könnte nach Gräf[1]) durch Beschränkung des Selbstverbrauches der Zechen eine bedeutende Kohlenmenge freigemacht
werden. Allein bei den Ruhr-Bergwerken soll diese Menge über
1 Mill. t betragen.

Auch durch die weitere Einführung von Schräm-Maschinen
wird sich die Leistung im Steinkohlen-Bergbau beträchtlich heben
lassen. In England sind die Schräm-Maschinen erheblich mehr
eingeführt als bei uns. Wenn das auch zum Teil seine guten Gründe
hat und sich viele Bergleute mit Recht bisher den Schräm-Maschinen
gegenüber ablehnend verhalten haben, so wird doch die Frage
aufzuwerfen sein, ob unter den heutigen Umständen nicht doch
mehr Gewicht auf die Einführung dieser Maschine zu legen ist,
namentlich da in neuerer Zeit verbesserte Konstruktionen zur
Verfügung stehen. Wenn auch nicht überall die Schräm-Maschine
als Heilmittel anzusehen sein wird, so würden doch immerhin
noch genügend Fälle übrig bleiben, in denen es möglich ist, durch
stärkere Einführung der Schräm-Maschine die geförderte Kohlenmenge zu erhöhen.

Erheblich günstiger als bei der Steinkohle liegen die Verhältnisse bezüglich der Erhöhung der Förderung bei der Braunkohle.
Wie man aus Abb. 1 ersieht, war es schon während des Krieges
gelungen, die Braunkohlenförderung über die Friedensförderung
zu steigern. Durch die Revolution ist auch hier ein Rückschlag
eingetreten, der jedoch schon bald überwunden worden ist. Während
die Förderung in den letzten Kriegsmonaten fast 9 Mill. t betragen
hat, ist sie nach der Revolution bis auf 6 Mill. t gesunken. Sie
hat sich aber ständig gehoben, so daß sie in dem letzten Sommer
schon wieder ungefähr 9 Mill. t erreicht hatte. Es besteht auch

---

[1]) Glückauf v. 15. XI. 1919.

die Aussicht, daß die Steigerung sich weiterhin fortsetzen wird. Diese ist dadurch begründet, daß die Leistungsfähigkeit im Braunkohlenbergbau nicht so sehr von der menschlichen Arbeitskraft allein, sondern zum großen Teil von den maschinellen Einrichtungen abhängt, die natürlich leichter vermehrt und verbessert werden können. Während bei Braunkohlen die Jahresleistung eines Mannes der Belegschaft 730 t beträgt, ist die entsprechende Zahl für Steinkohle nur 169 t. (Diese Zahlen sind den amtlichen Berichten über das Jahr 1919 entnommen.) Man sieht also, daß die Leistung, auf den Kopf der Belegschaft bezogen, bei Braunkohle ungefähr 4,3 mal größer ist als bei Steinkohle. Selbst unter Berücksichtigung des geringeren Heizwertes der Braunkohle ist, auf Kalorien bezogen, die Leistung auf den Kopf der Belegschaft immer noch mehr als 1,5 mal größer.

Bei dem vorstehend durchgeführten Vergleich der Leistungsfähigkeit bei Steinkohle und Braunkohle auf den Kopf der Belegschaft bezogen, war der Heizwert, wie er sich vor dem Kriege ergeben hat, eingesetzt worden. Berücksichtigt man nun aber noch, daß die Braunkohle in ihrer Güte unverändert geblieben ist, während die Steinkohle sich beträchtlich verschlechtert hat, so ist tatsächlich die Leistung eines Arbeiters, auf den Kopf der Belegschaft bezogen, ungefähr 1,7 mal größer. Daraus ersieht man schon, daß es wesentlich ist, zur Beseitigung der Kohlennot das Augenmerk besonders auf die Steigerung der Braunkohlenförderung zu richten. Die Vermehrung der Belegschaft ist hier auch leichter durchführbar, da der größte Teil der Braunkohle im Tagebau gewonnen wird. Allerdings dürfen die Schwierigkeiten bezüglich Vermehrung der Belegschaft auch nicht unterschätzt werden, da die Arbeit in der Braunkohlengrube anscheinend vielen Arbeitssuchenden nicht zusagt. Ein Hallesches Braunkohlenwerk hat z. B. festgestellt, daß etwa nach drei Monaten rd 50% der neu eingestellten Leute wieder abgekehrt[1]) sind.

Und zwar haben von 2596 eingestellten Leuten

$$
\begin{array}{llll}
\text{innerhalb von} & 3 \text{ Tagen} & 7,2\ \% \\
\text{,,} & \text{,,} & 10 & \text{,,} & 10,09\% \\
\text{,,} & \text{,,} & 1 \text{ Mon.} & 16,18\% \\
\text{,,} & \text{,,} & 3 & \text{,,} & 15,6\% \\
\end{array}
$$

ihre Tätigkeit wieder aufgegeben.

---

[1]) E. Musset, Freie Wirtschaft, 1919, Heft 11/12, S. 396.

Die Unterbringung der neu hinzuziehenden Leute macht naturgemäß auch hier große Schwierigkeit. Da aber die Produktion eines Braunkohlenarbeiters in bezug auf gewonnene Wärmeeinheiten, wie vorstehend gezeigt, eine mehr als 1,7 mal so große als die eines Steinkohlenarbeiters ist, so ergibt sich natürlich eine wesentlich höhere Ausnutzung der ja so knappen vorhandenen bzw. mit so großen Schwierigkeiten herzustellenden Bauten.

Die Durchschnittsleistung eines Mannes im Braunkohlenbergbau ist naturgemäß auch in letzter Zeit starken Schwankungen unterworfen gewesen. Dies ist aus nachstehender Tabelle zu ersehen, die von Prof. Kegel[1] aufgestellt ist nach Angaben von E. Musset[2]. Auch hier wird man bestrebt sein müssen, die Leistungen zu erhöhen. Das wird ganz besonders dadurch möglich werden, daß die maschinellen Einrichtungen verbessert und vermehrt werden.

Durchschnittsleistungen eines Mannes in einer Schicht in t.

Jahr	im Magdeburger Bezirk	auf einer Grube in Anhalt	Durchschnitt in Sachsen-Altenburg	Bei einer größeren Gesellschaft im Bezirk Weißenfels-Zeitz	Auf einer Grube im Geiseltal
1913	—	3,3	—	—	—
1914	—	2,6	2,8	—	—
1917	—	2,4	—	—	—
1. Jan. bis 31. Okt. 1918	—	2,4	—	—	—
Oktober 1918	3,6	—	—	—	—
November 1918 . . .	—	—	—	4,42	17,8
Januar 1919	3,3	1,6	—	4,27	15,3
Februar 1919	3,0	1,5	—	3,68	12,8
März 1919	2,9	—	—	—	—
April 1919	2,9	1,5	—	—	—
Mai 1919	2,2	—	1,8	—	—
Juni 1919	—	1,4	—	—	—

Der Deutsche Braunkohlen-Industrieverein in Halle hat über die Leistung je Kopf und Schicht noch folgende Zahlen bekanntgegeben:

---

[1] Zeitschrift des Vereins Deutscher Ingenieure, 1920, Heft 7 S. 163.
[2] Freie Wirtschaft, 1919, Heft 11/12, S. 395.

$$1914 \ldots \ldots 4,7 \text{ t}$$
$$1919 \ldots \ldots 2,2 \text{ t}$$
$$1920 \ldots \ldots 1,8 \text{ t}$$

Nach Diplomingenieur W. Metz [1]) sind die Ketten- und Draht-seilbahnen den neuzeitlichen Anforderungen in keiner Weise mehr gewachsen. Infolgedessen wird die Leistungsfähigkeit der Kohlen-bagger nicht voll ausgenutzt. Sie stehen die Hälfte der Arbeits-zeit unbeschäftigt. Nach Metz kann durch Einführung besserer Fördereinrichtungen die Leistungsfähigkeit der Bagger um 50% gesteigert werden. Weiter kann durch Verbesserung des Trans-portweges von der Gewinnungsstelle bis zur Verwendungsstelle im Braunkohlenbergwerk durch moderne Einrichtungen eine Ver-kürzung des Weges erreicht werden. Bei dieser Verbesserung der maschinellen Einrichtung wird die Elektrotechnik einen wesent-lichen Teil übernehmen können, denn gerade im Braunkohlen-bergbau spielt der elektrische Antrieb eine große Rolle. Durch weitere Vervollkommnung in der Anwendung der Elektrizität und moderner Transporteinrichtungen wird sich also eine Steigerung der Förderung schaffen lassen.

In neuerer Zeit sucht man auch noch eine Verbesserung da-durch zu erreichen, daß eine Entwässerung des Braunkohlen-vorkommens und des Deckgebirges erzielt wird. Dies geschieht dadurch, daß man die Feuchtigkeit durch Gräben abzieht. Zur Herstellung derselben werden, wie die ,,Braunkohle" mitteilt, kleine Bagger benutzt, die während des Krieges zur Herstellung von Schützengräben gebaut waren. Sie sind mit Benzinmotoren von 70—80 Pferdestärken ausgerüstet, die sowohl die Eimerkette als auch die Wellen für den Antrieb der Raupenbänder zur Fort-bewegung des Baggers betätigen. Das Baggergut wird durch Draht-förderbänder seitlich auf 4 m Abstand zu Dämmen aufgeschüttet. Die Gräben können mit senkrechten Wänden bei 0,8 m Breite bis zu 2,2 m Tiefe mit Böschungen bis zu 1,5 m Tiefe bei 2,2 m Gesamtbreite auf Gelände geschnitten werden. Das Gewicht der Bagger ist 21—27 t, der Flächendruck der Raupenbänder ca. 1,6 kg/qm, so daß auch auf weniger festem Untergrund gefahren werden kann. Der Grabenbagger kann auch unter entsprechender Anpassung zum Einebnen der Baggerstraßen, zu Ebnungsarbeiten beim Verlegen von Gleisen und Straßen und, nach Abrüstungen der Baggereinrichtungen, als Plattenwagen verwendet werden.

---

[1]) Braunkohlenförderbahnen, 2. Aufl., Kottbus 1919.

Auch die Aufschließung neuer Gruben stellt sich bei der Braunkohle wesentlich günstiger als bei der Steinkohle. Die Zeit von Beginn der Aufschließung bis zum Beginn der Förderung ist nicht so sehr lang, und auch die festzulegenden Kapitalien sind nicht so außerordentlich große wie bei Steinkohle. Da nun noch hinzukommt, daß die Braunkohlenvorkommen viel mehr verteilt sind, als dies bei Steinkohle der Fall ist, so ergeben sich auch daraus Vorteile, für die ungünstige Transportlage. Durch möglichst *gut* verteilte Braunkohlenbergwerke kann eine wesentliche *Entlastung* der Bahnen erzielt werden, insbesondere unter Umwandlung der Braunkohle in Elektrizität am Gewinnungsort und Transport der Arbeit mittels Draht.

Die Braunkohle ist auch insofern noch von außerordentlich großer Bedeutung für unser gesamtes Wirtschaftsleben, als daraus sehr wertvolle Nebenprodukte gewonnen werden. Insbesondere interessieren uns hier das Treiböl für Dieselmotoren und die Schmieröle. Eine Steigerung der Förderung von Braunkohle würde also auch hier eine Verbesserung ermöglichen.

In nachstehender Tabelle [1]) ist angegeben, welche Braunkohlen-Vorräte im Deutschen Reich nach seinem Umfange vor dem Kriege vorhanden waren und welche Mengen auf die abgetretenen bzw. besetzten Gebiete fallen.

	Sichere Mill. t	Vorräte %
Deutsches Reich	9314,3	100
Davon:		
Posen und Westpreußen . . .	30,5	0,33
Kölner Bucht	3800,5	40,80

Nach Prof. Kegel [2]) kommen hierzu noch an wahrscheinlichen Vorräten 3525 Mill. t in der Kölner Bucht, etwa 500 Mill t in verschiedenen Teilen Deutschlands und sehr erhebliche bzw. erhebliche Mengen in Brandenburg-Pommern, Schlesien und Sachsen. Nach seiner Ansicht werden unsere Braunkohlenlager bei einer Jahresförderung von 100 Mill t über 150 Jahre vorhalten.

Abb. 2 stellt nach Prof. Kegel [2]) die Entwicklung der Braunkohlenförderung in der Zeit von 1860—1913 dar.

Ganz ähnlich wie bei der Braunkohle liegen die Verhältnisse

---

[1]) Nach Dr. E. Jüngst, Glückauf 1919, S. 486.
[2]) Zeitschrift d. Vereins Deutscher Ingenieure 1920, S. 125.

beim Torf. Hier kann die Gewinnung in vielen kleinen Betrieben ermöglicht werden, so daß sich eine Verteilung der Arbeitskräfte auf große Gebiete ergibt und dadurch auch die Lösung der Wohnungsfrage für die Arbeitskräfte eine leichtere ist. Bis jetzt ist an Torf in Deutschland noch sehr wenig gewonnen worden. Die gewinnbare Menge kann bedeutend gesteigert und wahrscheinlich um ein Vielfaches vermehrt werden. Da der Heizwert des Torfes ein ziemlich hoher ist, so ergibt sich daraus eine wesentliche

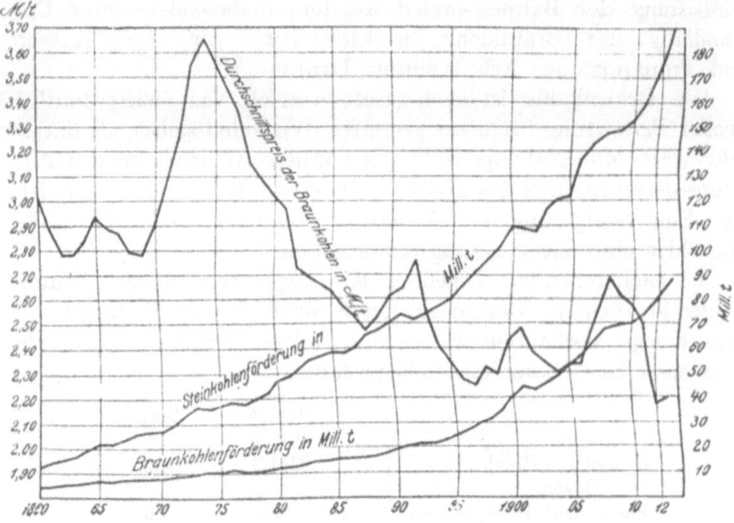

Abb. 2. Entwicklung der Kohlenförderung von 1860 bis 1913.

Bereicherung der zur Verfügung stehenden Brennstoffmenge. Für die Erzeugung von Licht und Kraft wird allerdings nur ein Teil dieses Torfes in Frage kommen, da ja die Elektrizitätserzeugung nur am Gewinnungsorte wirtschaftlich durchführbar ist. Er wird also zur Gewinnung von Elektrizität nur für die Gebiete in Frage kommen, die von einem Kraftwerk aus wirtschaftlich noch erreichbar sind. Außerdem ist zu berücksichtigen, daß der Torf nur während weniger Monate des Jahres gewonnen werden kann. Die nicht zur Erzeugung von Elektrizität verwendbare Torfmenge wird für Ofenheizung und für landwirtschaftliche Zwecke Verwendung finden und dadurch zur Erzielung von Ersparnissen wertvollerer Brennstoffe dienen können. Weiterhin kommt in Frage eine Verkokung des Torfes, wodurch ein Ersatz für Holzkohle geschaffen wird.

Es besteht also die Möglichkeit, die Gewinnung von Torf in großem Maßstabe in der Weise durchzuführen, wie dies in Wiesmoor [1] schon seit 10 Jahren geschieht zum Betriebe eines großen Kraftwerkes. Anderseits bietet sich die Möglichkeit der kleinen Gewinnung an außerordentlich vielen Stellen, wobei die Verwendung dieses Torfes im wesentlichen für Heizzwecke und Torfverkokung in Frage kommt.

Bei der Gewinnung von Torf in Kleinanlagen hat bisher die Elektrotechnik eine verhältnismäßig kleine Rolle gespielt. Durch erhöhte Anwendung des elektrischen Antriebes für die Torfstechmaschinen und Torfpressen würde aber die Torfmenge gesteigert werden können.

Entsprechend der großen Bedeutung der Torfausnutzung hat sich die Technik in den letzten Jahren mit diesen Fragen sehr eingehend beschäftigt [2]. Hierzu kommt noch, daß die Urbarmachung von Ödland heute ganz besonders wichtig ist, um Siedlungen schaffen zu können. Philippi hat sich sowohl in seinem Aufsatz „Torfkraftwerke" [3] wie in seinem Buche „Torfkraftwerke und Nebenproduktanlagen" mit der Frage der Torfverwertung sehr eingehend befaßt und gelangt dabei zu folgenden Ergebnissen:

1. Die deutschen Torfmoore sollen nach vielfachen Angaben eine Fläche etwa gleich der von Württemberg (rd 20 000 qkm) bedecken; sie bestehen etwa zur Hälfte aus Hochmoor, zur Hälfte aus Niederungsmoor. Diese Fläche ist der landwirtschaftlichen Nutzung entzogen; sie kann ihr bei den Hochmooren am zweckmäßigsten durch Abbau der Moore zugeführt werden. Der Energievorrat in den Hochmooren allein entspricht ungefähr dem in 1,5 Milliarden Tonnen guter Steinkohle; hiermit könnten in heutigen

---

[1] Näheres siehe „Elektrotechnik und Moorkultur" (Das Kraftwerk im Wiesmoor in Ostfriesland) von J. Teichmüller, „ETZ" 1912, S. 1255.

[2] Es sind darüber folgende Bücher erschienen: Hoering, „Moornutzung und Torfverwertung", Julius Springer, 1915. — Philippi, „Torfkraftwerke und Nebenproduktenanlagen", Julius Springer, 1919. — Bartel, „Torfkraft", Julius Springer, 1913. — Hausding, „Handbuch der Torfgewinnung und Torfverwertung", Parey, 1917. — Ferner siehe auch Teichmüller, „Elektrotechnik und Moorkultur", „ETZ" 1912, S. 1255.

[3] „ETZ" 1919, S. 422.

Großkraftwerken 100 Jahre lang 2,05 Mill. kW ununterbrochen erzeugt werden.

2. Der Torf kann in Großbetrieben in guter Beschaffenheit mit 25% Feuchtigkeit zu einem im Verhältnis zur Steinkohle geringen Preis für die Wärmeeinheit hergestellt werden. Die natürliche Lufttrocknung ist zurzeit das einzig wirtschaftliche Trocknungsverfahren; durch Anwendung von Maschinen an Stelle von Handarbeit kann es noch erheblich verbilligt werden.

3. Hochmoortorf ist in Gestalt von Maschinentorf ein gutes Brennmaterial von ziemlich gleichartiger Zusammensetzung und einem mittleren Heizwert von 3500 Kal. bei 25% Feuchtigkeitsgehalt.

4. Die Entgasung von Torf liefert eine vorzügliche, für metallurgische Zwecke sehr geeignete Torfkohle, aber nur mäßige Ausbeute an Ammoniak und Teer, während bei den heutigen Verfahren an Gas nichts zur freien Verwendung übrig bleibt. Bei der Vergasung (mit Gewinnung von Nebenprodukten) erhält man gute Ausbeute an Ammoniak, Teer und Gas; das Gas hat einen mittleren Heizwert von wenigstens 1150 cal/cbm und wird mit einem mittleren Vergasungswirkungsgrad von etwa $75,6\%$ gewonnen.

Bezüglich der Nebenproduktengewinnung haben die Untersuchungen Philippis für die von ihm angenommenen „normalen Fälle" folgendes ergeben:

1. Torfkraftwerke arbeiten bei normalen Torfpreisen billiger als Steinkohlenwerke; bei großen Torfkraftwerken ist dies sogar noch bei verhältnismäßig hohen Torfpreisen der Fall.

2. Bei gewöhnlicher Verzinsung und bei nicht außergewöhnlich hohen Torfpreisen sind Gasmaschinenwerke mit Nebenproduktenanlage Dampfturbinenwerken mit oder ohne Nebenproduktengewinnung wirtschaftlich unterlegen. Dampfturbinenwerke mit Nebenproduktenanlage sind denen ohne solche Anlage wirtschaftlich überlegen bei Belastungsfaktoren von etwas mehr als 50% an bei mäßigen Einnahmen aus den Nebenprodukten, aber schon von etwa 15% mittlerer Belastung an bei sehr gutem Erlös aus den Nebenprodukten.

3. Die Werkselbstkosten der erzeugten kWh werden in Werken mit Nebenproduktenanlage äußerst gering, müssen aber im allgemeinen auch bei überschießenden Einnahmen aus den Nebenprodukten so berechnet werden, daß die im Kraftwerk selbst

entstehenden Unkosten nicht unterschritten werden. — Die Einnahmen aus den Nebenprodukten können dabei einen sehr großen Reinüberschuß ergeben.

4. Auch Werke mittlerer Größe arbeiten bei Torfbetrieb mit befriedigender Wirtschaftlichkeit.

5. Es erscheint im allgemeinen wirtschaftlich vorteilhaft, das Kraftwerk und die Nebenproduktenanlage als getrennte Wirtschaftsbetriebe arbeiten zu lassen.

6. Torfverkohlungsanlagen versprechen eine gute Rentabilität.

7. Niederungsmoortorf aus den Entwässerungskanälen kann bei guten Einnahmen aus den Nebenprodukten (trotz hoher Torfpreise) häufig mit befriedigender · Wirtschaftlichkeit verarbeitet werden.

8. Die gemeinsame Verwendung von Dampfturbinen und Gasmaschinen kann wirtschaftlich Vorteile bringen; dies kann nur im Einzelfalle geprüft werden.

9. Der Einbau eines Gasbehälters in einem Werk mit Nebenproduktenanlage kann bei großen Werken wirtschaftlich vorteilhaft sein; auch dies ist aber nur von Fall zu Fall festzustellen.

Als weiterer Brennstoff, der den Kohlenverbrauch vermindern könnte, kommt noch das Holz in Frage. Nach Prof. Dr. H. Weber[1] betrug der Gesamtverbrauch an Holz in Deutschland im Jahre 1913 75 Mill. Fm, davon waren 61 Mill. Fm in Deutschland gewonnen und 14 Mill. Fm eingeführt.

. Verbraucht wurden als Nutzholz ungefähr 45 Mill. Fm und als Brennholz ungefähr 30 Mill. Fm.

Durch die Abtretung waldreicher Gebiete an Polen und Frankreich wird aber die Holzgewinnung bedeutend zurückgehen, und die Einfuhr von Holz wird mit Rücksicht auf die Valuta tunlichst vermieden werden müssen, so daß eine Deckung des Bedarfes äußerst schwierig sein wird, zumal wenn erst die Bautätigkeit wieder einmal einsetzen wird.

Holz wird demnach nur in geringem Umfange als Ersatz für andere Brennstoffe in Frage kommen können und auch nur für kurze Zeit, denn es ist zu beachten, daß der Raubbau an Holz nachteilige Folgen für das Klima, das Wachstum, die Versorgung mit Gebrauchswasser sowie für die Wasserwirtschaft hat. Es

---

[1] Technik und Wirtschaft 1919, Heft 11, S. 763.

ist also vom Holz eine nennenswerte Entlastung des Kohlenverbrauchs nicht zu erwarten.

Die außerordentlich geringe Menge Petroleum, die in Deutschland gewonnen wird, kann natürlich als Ersatz für andere Brennstoffe kaum in die Wagschale fallen. Immerhin muß aber versucht werden, auch diese, soweit irgend möglich, zu erhöhen.

Im Jahre 1913 hat die Rohölerzeugung [1]) Deutschlands nur etwa 120 000 t betragen gegenüber einem Verbrauch von gereinigtem Erdöl von etwa 1400 000 t. Wenn letztere auch in Zukunft bedeutend niedriger sein wird, so können wir unseren Bedarf doch bei weitem nicht selbst decken. Eine Steigerung der Erdölgewinnung ist also schon mit Rücksicht auf die Verringerung der Einfuhr erwünscht.

Aus vorstehenden Überlegungen ergibt sich, daß für die Beseitigung der Kohlennot zunächst vorwiegend die Steigerung der Braunkohlenförderung in Frage kommen muß. Sie ist verhältnismäßig schnell und ohne Festlegung allzu großer Kapitalien durchführbar. Es muß daher der Verbrauch an Steinkohle, soweit irgend möglich, auf Braunkohle (und zum Teil auf Torf) umgestellt werden. Damit nun aber die Transportmittel nicht übermäßig in Anspruch genommen werden, ist es notwendig, die Umwandlung der Braunkohle in Elektrizität nach Möglichkeit am Gewinnungsort vorzunehmen und den Transport durch Drähte zu bewirken. Nach etwa 10—20 Jahren kann die Richtung eventuell wieder geändert werden, und es können dann die Steinkohlen wieder mehr herangezogen werden, damit die Braunkohlenlager nicht allzu früh der Erschöpfung entgegengehen. Nur auf diese Weise kann unsere Kohlenlage wieder gesunden und damit dem Wirtschaftsleben wieder aufgeholfen werden.

Wenn die Industrie und die Landwirtschaft jetzt und in den nächsten Jahren noch weiter einen so ungeheuren Elektrizitätshunger haben, so kann derselbe, soweit nicht Wasserkräfte in Frage kommen, die aber nur in einzelnen Gegenden vorhanden sind, nur gestillt werden, wenn Braunkohle und Torf hierzu herangezogen werden. Aber auch das wird nur möglich sein, wenn die abgegebene elektrische Arbeit durchweg auf das beste ausgenutzt wird.

---

[1]) Deutsche Kraftquellen von W. Hedler, S. 32.

C. Verringerung des Verbrauches von Brennstoffen.

Vermeidung überflüssiger Verwendung von Brennstoffen. — Weitgehendster Ersatz von Brennstoffen. — Höchste Wirtschaftlichkeit bei der Verwendung von Brennstoffen.

Es ist nunmehr zu untersuchen, inwieweit eine Verminderung im Verbrauche von Brennstoffen erreicht werden kann. Das naheliegendste, aber in seiner Wirkung schwächste Mittel ist natürlich die Vermeidung überflüssigen Brennstoffverbrauches, und zwar sowohl direkt wie indirekt. Jeder Luxus in der Beheizung und Beleuchtung muß vermieden werden. Ebenso aber auch in der Verwendung von Rohstoffen und Fertigfabrikaten, denn auch diese enthalten eine gewisse Menge Brennstoff. Wenn man bedenkt, daß z. B. für die Herstellung von

$$
\begin{array}{llll}
1 \text{ t Zink} & \ldots\ldots & \text{ungefähr } 9 & \text{ t Kohle} \\
1 \text{ t Handelseisen} & \ldots & \text{,,} \quad 2 & \text{t} \quad \text{,,} \\
1 \text{ t Roheisen} & \ldots & \text{,,} \quad \cdot 1\tfrac{1}{2} \text{ t} & \text{,,} \\
1 \text{ t Zement} & \ldots\ldots & \text{,,} \quad \tfrac{1}{2} \text{ t} & \text{,,} \\
1 \text{ t Kalk} & \ldots\ldots & \text{,,} \quad \tfrac{1}{4} \text{ t} & \text{,,} \\
1000 \text{ Stück Mauersteinen} & & \text{,,} \quad \tfrac{1}{4} \text{ t} & \text{,,}
\end{array}
$$

aufgewendet[1] worden sind, so wird man ohne weiteres erkennen, daß durch richtige Einschränkung eine beträchtliche Menge Brennstoff gespart werden kann. Aber nicht nur durch wirklichen Luxus wird Verschwendung getrieben, sondern auch durch schlechte Gewohnheiten und durch Unkenntnis. Wieviel gar nicht benutzte Räume wurden früher und werden zum Teil auch jetzt noch überflüssigerweise beheizt und beleuchtet. Soweit solche Räume gar nicht oder nur sehr wenig benutzt werden, kann die Beheizung ganz unterbleiben. Soweit sie aber nur kurzzeitig verwendet werden, bietet die elektrische Beheizung Möglichkeiten zur Ersparnis, denn durch sie kann eine örtliche kurzzeitige Erwärmung sehr wirtschaftlich erreicht werden und dadurch der Kohlenverbrauch wesentlich niedriger gehalten werden, als bei einer dauernden und noch mit schlechtem Wirkungsgrad arbeitenden Ofenbeheizung des ganzen Raumes.

Die elektrische Zusatzheizung ist das beste Mittel, um in nicht genügend erwärmten Räumen, wenigstens an einzelnen Plätzen,

---

[1] Nach Angaben, die mir freundlichst von Herrn Dr. Bonikowsky zur Verfügung gestellt worden sind.

eine behagliche Temperatur zu schaffen. Manche Zentralheizung kann im Herbst später angemacht, im Frühjahr früher abgestellt werden, mancher Kohlenofen ungeheizt bleiben, wenn man tragbare elektrische Öfen zur Verfügung hat oder sich elektrischer Fußwärmer bedient.

Daß durch elektrische Beleuchtung, deren bequeme Schaltbarkeit allgemein geschätzt wird, große Ersparnisse erzielt werden können, ist bekannt, aber noch immer nicht in genügendem Maße gewürdigt.

Soweit die Erzeugung von Kraft, Licht, Wärme usw. unbedingt notwendig ist, sollte versucht werden, sie möglichst ohne Verwendung von Brennstoff zu erzeugen durch Heranziehung der Kraft des Wassers, des Windes, der Naturgase, der Ebbe und Flut, der Bewegung des Meeres, der Sonnenstrahlung, der Erdwärme und ähnlichem.

Die Kraft des Wassers ist schon bisher in Deutschland in beträchtlichem Umfange ausgenutzt worden. Allerdings nicht so, wie es hätte geschehen müssen. Das ist darauf zurückzuführen, daß die Kohle sehr billig gewesen ist und dadurch der Ausbau einer großen Anzahl Wasserkräfte unwirtschaftlich war. Hierzu kommt noch, daß die ausbauwürdigen Wasserkräfte zum Teil in Gegenden sich befanden, die fern von der Industrie lagen, und die weite Übertragung unter den früheren Verhältnissen noch nicht wirtschaftlich war. Bei der zukünftigen Kohlenknappheit muß dies nun aber anders werden, und es müssen unbedingt alle Wasserkräfte ausgenutzt und gegebenenfalls durch Hochspannungsleitungen in die Gebiete des Bedarfes gebracht werden. Die mehr über das Land verteilten Niederdruckwasserkräfte wurden bisher, da sie sehr wechselnd sind, in sehr geringem Umfange ausgenutzt. Ihnen wird in Zukunft mehr Aufmerksamkeit zugewendet werden müssen. Durch Talsperren, die im oberen Lauf der Flüsse bereits gebaut sind oder noch ausgeführt werden müssen, gewinnen übrigens auch diese Wasserkräfte sehr bedeutend an Wert. Solche Flußwasserkräfte sind in großem Umfange vorhanden. Für das Berg- und Hügelland Preußen liegt eine Zusammenstellung solcher Wasserkräfte vor, die in nachstehender Tabelle[1]) wiedergegeben ist.

---

[1]) Monatsblätter des Berliner Bezirksvereins Deutscher Ingenieure 1917 Heft 3, S. 25.

	Vorhandene Wasserkraft		Ausgenutzte Wasserkraft	
	mittlere jährliche	9 Monate lang nicht unterschrittene	mittlere jährliche	9 Monate lang nicht unterschrittene
	PS	PS	PS	PS
Odergebiet	205 351	82 150	68 707	27 492
Elbegebiet	262 544	98 170	101 041	38 501
Wesergebiet. . . .	288 531	103 486	87 086	32 144
Rheingebiet . . .	990 043	297 015	180 695	54 208
Maasgebiet	64 581	19 373	9 104	2 731
	1 811 050	600 194	446 633	155 076

Weiterhin sind nach Reichel im Flachlande in Preußen noch Wasserkräfte vorhanden, die ungefähr die gleiche Größe wie in der vorstehend angegebenen Tabelle haben. Bezüglich der anderen Bundesstaaten macht Reichel folgende Angaben: Baden hat 2 600 000 PS, von denen bis zu 650 000 PS ausgenutzt werden können. Bayern hat ungefähr 5 Millionen, von denen 1 Million ausnutzbar ist; insgesamt schätzt Reichel für das Deutsche Reich an Flußwasserkräften 16 Millionen PS, von denen 2 500 000 PS ausgenutzt werden können. Nach Hallinger können jedoch die Niederdruckwasserkräfte erheblich besser verwertet werden, wenn die Bauart, gegenüber der bisher üblichen, abgeändert wird. Er faßt seine Vorschläge [1] in folgenden vier Sätzen zusammen:

1. Beschränkung der Anzahl der Stauwehre,

2. Reduktion der Rauheit der Kanalwände, erhöhte Gefällsausnutzung, Wahl wirtschaftlicher Wassergeschwindigkeiten bei günstigem Kanalquerschnitt,

3. Aufstellung der Turbinen mit den Achsen quer zum Wasserzulauf, Reduktion der Zahl derselben, Wahl großer Maschineneinheiten mit langer Lebensdauer, vereinfachte Betriebe, Vermeidung von Wasserverlusten u. dgl.,

4. Ausnutzung der Gefälle im Flußtale mit Einzelstufen, die in bezug auf Kanal- und Krafthauskosten das beste Verhältnis aufweisen."

Wie schon vorstehend erwähnt, ist die Ausnutzung von Wasserkräften bisher vielfach deswegen unterblieben, weil keine genügende

---

[1] Monatsblätter des Berliner Bezirksvereins Deutscher Ingenieure 1915 Heft 6, S. 69.

Wirtschaftlichkeit erreicht wurde. Infolge der starken Schwankungen der Wasserkräfte, wie solche z. B. Abb. 3 zeigt, die dem Buche von M. Gerbel, Kraft- und Wärmewirtschaft in der Industrie 1918, Verlag Julius Springer, entstammt, ist es notwendig, Dampfreserven zur Verfügung zu haben, die dann aber ungleich ausgenutzt werden und dadurch unwirtschaftlicher arbeiten, als wenn sie dauernd Verwendung finden.

Durch geeignete Verkupplung solcher Wasserkraftanlagen mit bestehenden Dampfanlagen durch Hochspannungsleitungen wird die Wirtschaftlichkeit beträchtlich erhöht werden können.

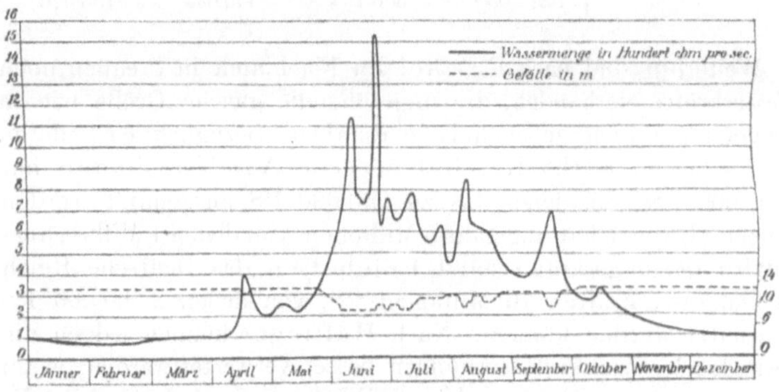

Abb. 3. Wassermenge des Inn oberhalb Rosenheim in cbm/sek. in den verschiedenen Monaten des Jahres.

Es sei hier übrigens noch auf die Verschiedenartigkeit der Wasserkräfte, je nach dem, ob der fragliche Fluß aus dem Hoch- oder Mittelgebirge kommt, hingewiesen. Dr. Ing. L. Schneider[1] hat darüber Angaben gemacht, die hier in den Abb. 4 und 5 wiedergegeben werden mögen. Er faßt seine Ausführungen wie folgt zusammen:

„Die Mächtigkeit der in den Alpen entspringenden Wasserkräfte ist am größten in den Sommermonaten April-September, am geringsten im Winterhalbjahr Oktober-März. Die Wasserkräfte der Mittelgebirge sind am ergiebigsten in der Zeit vom Januar—April, am kargsten von Juli—November.“

---

[1] Wasserkraftwerk, Heizungskraftwerk und Lichtwerk. Dinglers Polytechn. Journal 1912, S. 10.

Daß durch solche schwankenden Wasserkräfte die erzielbare
Kohlenersparnis sinkt, weil der spezifische Kohlenverbrauch
der mit ihnen parallel arbeitenden Dampfkraftanlagen außerordentlich ansteigt, hat Wunder[1]) für die Stuttgarter Verhältnisse sehr eingehend nachgewiesen in seiner Untersuchung
über wirtschaftliche Grenzen für das Zusammenarbeiten von
Wasser- und Dampfkraftanlagen. Er hat gezeigt, daß der
wirtschaftliche Wirkungsgrad
des Stuttgarter Elektrizitätswerkes bei einer Vergrößerung
der Wasserkraftanlagen und
einer entsprechenden Verkleine-
rung der Wärmekraftanlagen

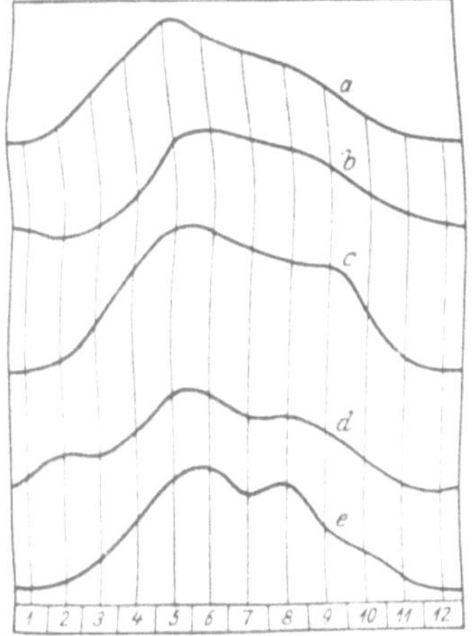
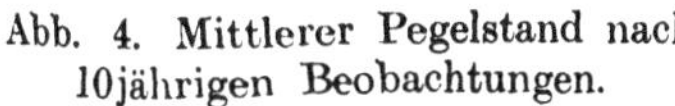

a = Saalach bei Freilassing, b = Isar bei
Mittenwald, c = Isar bei München, d =
Isar bei Plattling, e = Lech bei Schongau.

Abb. 4. Mittlerer Pegelstand nach
10jährigen Beobachtungen.

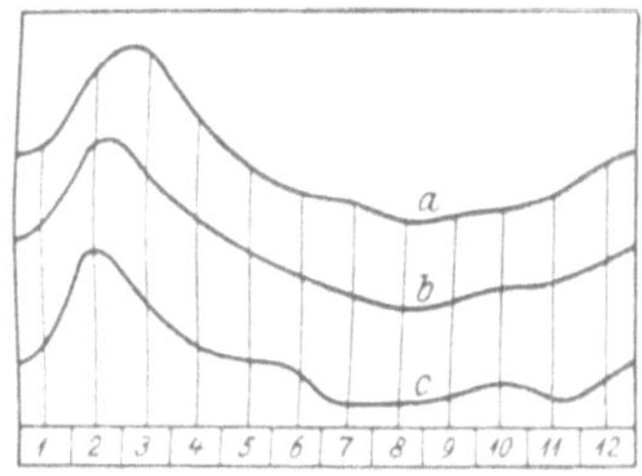

a = Main bei Lichtenfels, b = Main bei
Aschaffenburg, c = Pegnitz bei Forchheim.

Abb. 5. Mittlerer Pegelstand nach
10jährigen Beobachtungen.

ständig sinken würde. Er zeigte, daß selbst bei hohen Kohlenkosten dieses noch zutrifft, da der spezifische Kohlenverbrauch
von 1,2 kg auf 4 kg ansteigt. Bei den Verhältnissen vor dem
Kriege würde demnach ein weiteres Ausbauen der Stuttgarter
Wasserkräfte unterblieben sein. Dagegen kommt Wunder bei der
jetzigen Sachlage zu der Überzeugung, daß trotzdem der weitere
Ausbau der Wasserkräfte betrieben werden muß, weil in Zukunft
nicht nur die Wirtschaftlichkeit ausschlaggebend sein kann, sondern die Brennstoffnot solche Maßnahme rechtfertigt.

Der Ausnutzung der kleineren und mittleren Wasserkräfte

---

[1]) Vortrag im Württembergischen elektrotechn. Verein am 19. XI. 1919.

hat man bisher aus den eben dargelegten Gründen nicht so viel Interesse entgegengebracht, weil die starken Schwankungen dieser Wasserkräfte ihre Verwendung außerordentlich erschwerte. Eine Nutzbarmachung dieser Kräfte wird besser möglich sein, wenn das Netz der elektrischen Leitungen enger wird und dann die Möglichkeit besteht, ohne allzu große Baukosten für Leitungen aufwenden zu müssen, in eine vorhandene elektrische Anlage hineinzuarbeiten und den jeweiligen Überschuß dort nutzbringend zu verwerten. Auch hier wird der Fall eintreten, daß die bestehenden Dampfkraftanlagen dann unwirtschaftlicher arbeiten und dementsprechend die Kohlenersparnis nicht im Verhältnis steht zu der mit Wasserkraft erzeugten elektrischen Arbeit. Man wird aber in Zukunft die Ausnutzung solcher kleinen Wasserkräfte doch vornehmen müssen, wenn überhaupt noch eine nennenswerte Ersparnis an Brennstoff erzielt werden kann. Durch die Verwendung von Asynchron-Generatoren [1]) werden sich manche Wasserkräfte besser wirtschaftlich ausnutzen lassen, wenn sie auch eine Verschlechterung des Leistungsfaktors mit sich bringen. Es bedarf jedoch von Fall zu Fall einer Untersuchung, ob diese Lösung die richtige ist. Hierfür kann man zweckmäßig die Angaben, die Ingenieur O. Spitzer [2]) gemacht hat, verwenden. Eine Überprüfung der Belastungsverhältnisse kann in einfacher Weise durch die aus dem Vektorendiagramm abgeleitete Formel erfolgen:

$$S = \sqrt{A^2 + N^2 - 2NA\cos(\alpha + \varphi)}.$$

Hierbei bedeutet S, A, N die Belastung der Sychrongeneratoren, des Asynchrongenerators und des Netzes in kVA, $\cos\varphi$ den Leistungsfaktor des Netzes und $\cos\alpha$ den des Asynchrongenerators. Dr. Adler [3]) faßt die Vorteile des Asynchrongenerators folgendermaßen zusammen:

a) Einfachste und billigste Bauart, Anlage und Bedienung. Der Induktionsgenerator kann mit Kurzschlußanker ausgeführt werden. Er wird angelassen, indem er mit der Kraftmaschine auf Drehzahl gebracht wird und bei ungefährem Synchronismus durch einen Schalter mit Vorkontakten und Schutzwiderstand eingeschaltet wird.

---

[1]) Elektrotechn. u. Maschb. 1919, S. 221 u. 425.
[2]) Elektrotechn. u. Maschb. 1919, S. 256.
[3]) Elektrotechnische Umschau 1920, S. 11.

b) Die Energie des Kraftmittels wird vollends ausgenützt und die Generatoren des Mutterwerkes entlastet.

c) Der Induktionsgenerator verursacht keine Pendelgefahr. Er ist gegen Unregelmäßigkeiten in der Wellenform unempfindlich, wirkt beruhigend auf andere Unsymmetrien und speist — im Gegensatz zur Synchronmaschine — nicht in einen Netzkurzschluß.

d) Die Kraftmaschine braucht keinen Geschwindigkeitsregler und wird daher einfacher und billiger. Doch sind Maßnahmen gegen das Durchgehen beim Ausbleiben der Netzspannung zu treffen.

Denen steht als Nachteil gegenüber, daß der Induktionsgenerator den *Blindstrom*, der zu seiner eigenen Erregung notwendig ist, nicht selber liefern kann. In Amerika sind solche Anlagen mit Asynchrongeneratoren schon mehrfach ausgeführt worden, und es liegen gute Erfahrungen [1]) vor.

Auch in Deutschland sind solche Anlagen gebaut worden. In der ETZ 1910, S. 310 ist von W. Spethmann eine solche Anlage der Firma Karl Simon & Söhne in Kirn a. d. Nahe beschrieben. Hierbei handelt es sich um eine Energie-Überschußleistung von 30 kW. die an ein Überlandnetz abgegeben wird.

In manchen Fällen dagegen wird es vielleicht zweckmäßiger sein, solche kleinen Wasserkräfte nicht für die Erzeugung von Elektrizität zu verwenden. sondern sie für Berieselungszwecke auszunutzen. Es kann dann mit erheblich geringerem Anlagekapital eine im gesamten Volksinteresse liegende nutzbare Verwendung erzielt werden.

Ganz besondere Aufmerksamkeit wird man der vollen Ausnutzung der Wasserkraft zu allen Stunden des Tages und auch der Nacht widmen müssen. Viele Wasserkräfte werden nachts und Sonntags nur ganz gering oder gar nicht ausgenutzt. Wenn es gelingt, Arbeiten, die sonst unter Verwendung von Brennstoff ausgeführt werden, auf diese Stunden zu verlegen, würde eine beträchtliche Ersparnis erzielt werden können. Eine Schwierigkeit hierbei bildet jedoch die Abneigung der Arbeiter zur Leistung von Nachtschichten und Sonntagsarbeiten. Bei Industrien, die verhältnismäßig viel Kraft verbrauchen und wenig Arbeiter beschäftigen, sollte man versuchen, nachts und Sonntags möglichst

---

[1]) ETZ 1918, S. 239.

viel Wasser auszunützen, wie dies auch während des Krieges
zum Teil geschehen ist. Bei solchen Wasserkräften, die während
eines großen Teiles des Jahres noch nicht voll ausgenutzt sind,
läßt sich eine Kohlenersparnis noch dadurch erzielen, daß andere
unter Aufwendung von Brennstoff erzeugte Energieträger vermieden werden. Z. B. würde es richtiger sein, Gasbeleuchtung
und zum Teil auch Gaskochen durch vorwiegend mit Wasserkraft
hergestellte Elektrizität zu ersetzen, wie man auch mit Kohle
arbeitende chemische Verfahren gegebenenfalls durch elektro-

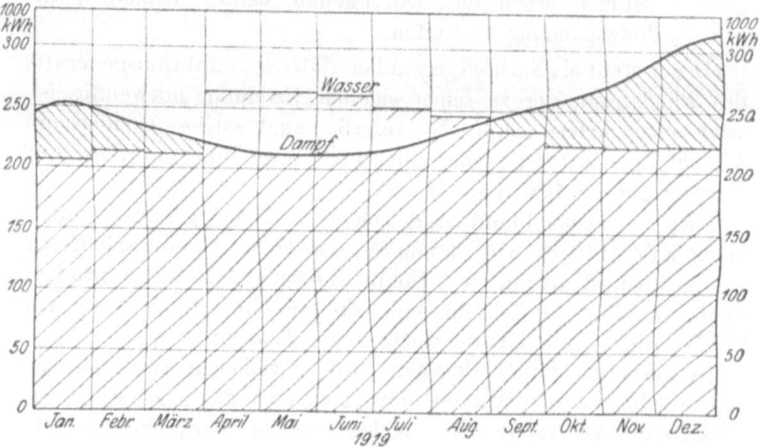

Abb. 6. Aus Wasserkraft erzeugbare und in dem Netz verbrauchte elektrische Arbeit in den verschiedenen Monaten des Jahres bei den Elektrizitätswerken der Stadt München.

chemische ersetzen sollte, wenn überschüssige Wasserkraft Verwendung finden kann. In einem solchen Falle befindet sich z. B.
die Stadt München, die während mehrerer Monate des Jahres
noch überschüssige Wasserkraft besitzt, wie aus der Abb. 6 her-
vorgeht.

Der Verwendung der Überschußenergie von Wasserkräften muß
besondere Aufmerksamkeit zugewendet werden. Sie wird vielfach mit Erfolg z. B. zur Beheizung [1] und Warmwasserbereitung
Verwendung finden können. In Zürich z. B., wo im Sommer das
Elektrizitätswerk niedrige Belastung und dagegen viel Wasser hat,

---

[1] Siehe ETZ 1917, S. 181, 1918, S. 70 u. 1920, S. 614.

werden vielfach Warmwasseranlagen ausgeführt in Kombination mit Zentralheizungen. Im Sommer wird das warme Wasser für

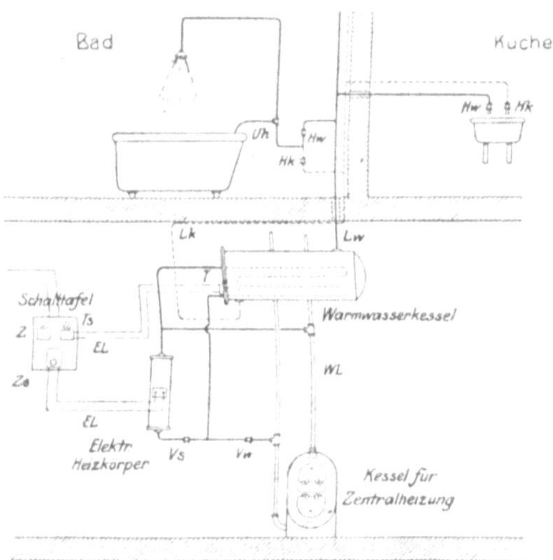

Z = Zähler, Ts = Temperaturschalter, Zs = Zeitschalter, T = Kontaktthermometer, EL = Elektrische Leitung, WL = Rohrleitung für die Heizung, Vw = Absperrventil für Winterbetrieb, Vs = Absperrventil für Sommerbetrieb, Hw = Warmwasserhahn, Hk = Kaltwasserhahn, Uh = Umschalthahn, Lw = Warmwasserleitung, Lk = Kaltwasserleitung.

Abb. 7. Anlage zur elektrischen Warmwasserbereitung.

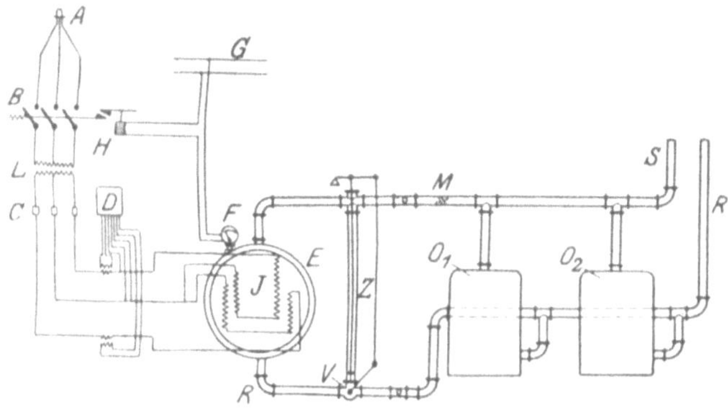

A = Hochspannungskabel, B = Ausschalter mit Relais H, C = Sicherungen, D = Zähler, E = Elektrisch beheizter Kessel, F = Kontaktthermometer, G = Lichtleitung, J = Heizwiderstände, L = Transformator, M = Mischleitung, O = Kessel mit Kohlenheizung, R = Rückleitung, S = Heizwasserleitung, V = Regulierhahn.

Abb. 8. Anlage für elektrische Heizung.

Küche und Bad elektrisch bereitet und im Winter von der Zentralheizung aus. Abb. 7 zeigt eine solche Anlage.

In Abb. 8 ist eine elektrische Warmwasserheizung, wie sie für die Kommunalschule in Baden (Schweiz)[1]) ausgeführt worden ist. dargestellt. Da während der Nacht elektrische Arbeit billig zur Verfügung steht, wurde im Jahre 1917 infolge der steigenden Kohlenpreise ein elektrisch beheizter Kessel, der von der Brown, Boveri & Cie., Akt.-Ges., angefertigt worden ist. aufgestellt. Er ist mit Wärmespeicherung versehen und arbeitet zur Zeit großer Kälte mit den kohlebeheizten Kesseln parallel.

Zur Verwendung der Abfallarbeit kommen noch in Frage die Aufstellung elektrischer Dampfkessel [2]), die elektrische Trocknung und Konservierung von Holz (siehe S. 80) und ähnliche Verfahren.

Prof. Bauer[3]) hat z. B. den Vorschlag gemacht mit Abfallenergie Wasserstoff zu erzeugen und große Gasometer aufzustellen. Das Gas kann dann zu Koch- und Leuchtzwecken verwandt werden.

In der Schweiz [4]) hat man der Frage der Abfallenergieverwertung schon seit Jahren großes Interesse entgegengebracht, und es wird dort fleißig an der Schaffung einer „schweizerischen eidgenössischen Sammelschiene" gearbeitet. Aus den von Direktor Wagner aufgestellten Thesen ersieht man klar nach welcher Richtung dort gearbeitet wird:

1. Vereinigung aller technischen und wirtschaftlichen Verbände unseres Landes zur Durchführung des Gedankens der Elektrisierung auf allen denjenigen Gebieten, auf denen die wirtschaftliche und technische Überlegenheit der Elektrizität nachgewiesen ist; so daß die Verwendung von Kohle und Rohöl ausschließlich auf solche Gebiete beschränkt wird, auf denen sie zurzeit noch unentbehrlich sind.

2. Bildung von Syndikaten größerer Unternehmungen zur Erzeugung und Verteilung elektrischer Energie zum Zwecke

    a) der Vereinheitlichung von Stromsystem (Drehstrom), Periodenzahl 50, Spannung 50 000 V;

---

[1]) ETZ, 1920, S. 513.
[2]) Siehe ETZ 1920, S. 336.
[3]) Gerbel, Kraft- und Wärmewirtschaft in der Industrie 1918, S. 27.
[4]) Siehe ETZ 1917, S. 41 u. 54; 1919, S. 469.

    b) der Durchführung der elektrischen Verbindung der Kraftwerke untereinander zur Ermöglichung gegenseitiger Aushilfe in der Energielieferung und damit Verminderung der Maschinenreserven und Verwendung der Abfallkräfte der einzelnen Energiequellen, alles unter Wahrung der technischen und wirtschaftlichen Selbständigkeit der einzelnen Unternehmungen, soweit dies ohne Beeinträchtigung des Zweckes der Syndikatsbildung möglich ist.

Eine Möglichkeit der Kohlenersparnis, wenigstens auf eine Anzahl Jahre hinaus, würde gegeben sein durch die vorübergehende Erhöhung des Staues von ·Wasserkräften. Schon während des Krieges sind solche Stauerhöhungen mit großem Vorteil und beträchtlicher Kohlenersparnis durchgeführt worden. Es wird in vielen Fällen zu überlegen sein, ob es nicht richtig ist, diesen Ausnahmezustand noch auf eine Anzahl Jahre, bis die Kohlennot wenigstens etwas verringert ist, zu verlängern. Solche Stauerhöhungen können besonders dann von großer Bedeutung sein, wenn durch sie die Benutzung der Dampfreserve vermindert und damit der Kohlenverbrauch stark herabgesetzt werden kann.

Früher durchgeführte Rechnungen über die Ausbauwürdigkeit von Wasserkräften sind grundsätzlich in Zukunft durch neue zu ersetzen, da ja nicht nur die Kohlenlage und der Kohlenpreis sich wesentlich verändert haben, sondern auch die gesamten Lohn- und Baustoffverhältnisse andere geworden sind. Hierüber hat Klingenberg [1] ausführliches Material veröffentlicht, das nun folgen möge:

„Unter der Annahme, daß die heutigen Löhne gegenüber dem Jahre 1914 etwa das Fünffache und die Materialkosten das Zehnfache betragen, werden nachstehend die Anlage- und Betriebskosten gleichgroßer Dampf- und Wasserkraftanlagen gegenübergestellt. Dabei ist zu bemerken, daß weitere Steigerungen der grundbildenden Werte die Verschiebung der Ergebnisse in der ermittelten Richtung noch verstärken.

Die Rechnung behandelt 3 Fälle:

A. Herstellung und Betrieb im Frieden (Friedensanlagen);

B. Herstellung und Betrieb im Krieg (Kriegsanlagen);

C. Herstellung im Frieden und Betrieb im Krieg (Gemischtanlagen).

---

[1] ETZ 1920, S. 609 und E. u. M. 1920, S 341.

Es sollen jeweils drei Ausbaugrößen von 20 000, 5000 und 1000 kW untersucht werden. Unter „Friedensanlagen" sind Werke verstanden, die etwa vor dem Jahre 1916, also noch zu den früheren billigen Preisen erteilt wurden. Mit „Kriegsanlagen" sind Werke bezeichnet, deren Anlage- und Betriebskosten unter der Nachwirkung des Krieges stehen.

A. Herstellung und Betrieb im Frieden (Friedensanlagen).

	Ausbaugröße		
	20 000 kW	5000 kW	1000 kW
1. Dampfkraftanlagen:			
a) Anlagekosten I f. 1 kW und Jahr . . M.	150	200	300
b) Verzinsung 5,5% . . . . „	8,25	11,—	16,50
c) Erneuerung 5% . . . . „	7,50	10,—	15,—
d) Kleinmaterial, Wasser, Steuern etc. 0,2% . . . . „	—,30	—,40	—,60
e) Personalkosten 2% . . . . „	3,—	4,—	6,—
f) Reparaturen 1% . . . . „	1,50	2,—	3,—
g) Gesamtkosten für 1 kW und Jahr . . M.	20,55	27,40	41,10
h) Preis der Kohle im Kesselhaus f. 1 Tonne „	18,—	18,—	18,—
i) somit Kosten für 1 kWh bei			

Betriebs-dauer	Kohlen-verbrauch				
8000 Std.	0,9	kg Pf.	1,88	1,96	2,13
5000 „	1,0	„ „	2,21	2,35	2, 62
2500 „	1,15	„ „	2,89	3,17	3,71
1000 „	1,4	„ „	4,57	5,26	6,63

	20 000 kW	5000 kW	1000 kW
2. Wasserkraftanlagen:			
a) Anlagekosten II f. 1 kW und Jahr . M.	600	800	1000
b) Verzinsung 5,5% . . . . „	33,—	44,—	55,—
c) Erneuerung 5% . . . . „	24,—	32,—	40,—
d) Kleinmaterial . . . . „	—,20	—30,	—,40
e) Personal 0,2%, 0,3%, 0,4% . . . . . „	1,20	2,40	4,—
f) Reparaturen 0,5% . . . . „	3,—	4,—	5,—
g) Gesamtkosten f. 1 kW und Jahr. . . M.	61,40	82,70	104,40
h) somit Kosten für 1 kWh bei			
8000 Std. . . . . . Pf.	0,77	1,03	1,30
5000 „ . . . . . „	1,23	1,65	2,09
2500 „ . . . . . „	2,45	3,31	4,18
1000 „ . . . . . „	6,14	8.27	10,44

B. Herstellung und Betrieb im Krieg
(Kriegsanlagen).

Annahme: Zehnfache Materialpreise, Fünffache Löhne.

	Ausbaugröße		
	20 000 kW	5000 kW	1000 kW

1. Dampfkraftanlagen:

	20 000 kW	5000 kW	1000 kW
a) Anlagekosten III f. 1 kW und Jahr . M. 1500	2000	3000	
b) Verzinsung 5,5% . . . . ,, 82,50	110,—	165,—	
c) Erneuerung 5% . . . . ,, 75,—	100,—	150,—	
d) Kleinmaterial . . . . ,, 3,—	4,—	6,—	
e) Personalkosten . . . . ,, 15,—	20,—	30,—	
f) Reparaturen 8-fach . . . . ,, 12,—	16,—	24,—	
g) Gesamtkosten f 1 kW und Jahr . . . ,, 187,50	250,—	375,—	
h) Preis der Kohle im Kesselhaus f. 1 Tonne ,, 180,—	180,—	180,—	

i) somit Kosten für 1 kWh bei

Betriebs-dauer	Kohlen-verbrauch		20 000	5000	1000
8000 Std.	0,9	kg Pf.	18,54	19,32	20,89
5000 ,,	1,0 ,,	,,	21,75	23,—	25,50
2500 ,,	1,15 ,,	,,	28,20	30,70	35,70
1000 ,,	1,4 ,,	,,	43,95	50,20	62,70

2. Wasserkraftanlagen:

	20 000 kW	5000 kW	1000 kW
a) Anlagekosten IV f. 1 kW u. Jahr, 7-fach M. 4200	5600	7000	
b) Verzinsung 5,5% . . . . ,, 231,—	308,—	385,—	
c) Erneuerung 4% . . . . ,, 168,—	224,—	280,—	
d) Kleinmaterial . . . . ,, 2,—	3,—	4,—	
e) Personal . . . . ,, 6,—	12,—	20,—	
f) Reparaturen 7-fach . . . . ,, 21,—	28,—	35,—	
g) Gesamtkosten für 1 kW und Jahr . . ,, 428,—	575,—	724,—	

h) somit Kosten f. 1 kWh bei

			20 000	5000	1000
8000 Std.	Pf.		5,35	7,19	9,15
5000 ,,	. . . . .	,,	8,56	11,50	14,48
2500 ,,	. . . . .	,,	17,12	23,—	28,96
1000 ,,	. . . . .	,,	42,80	57,50	72,40

C. Herstellung im Frieden, Betrieb im Krieg (Gemischtanlagen).

	Ausbaugröße		
	20 000 kW	5000 kW	1000 kW
1. Dampfkraftanlagen:			
a) Anlagekosten I für 1 kW und Jahr . M.	150	200	300
b) Verzinsung 5,5% von Anlage I . . . „	8,25	11,—	16,50
c) Erneuerung 5% von Anlage III . . . „	75,—	100,—	150,—
d) Kleinmaterial . . . . „	3,—	4,—	6,—
e) Personalkosten . . . . „	15,—	20,—	30,—
f) Reparaturen . . . . „	12,—	16,—	24,—
g) Gesamtkosten f. 1 kW und Jahr . . . „	113,25	151,—	226,50
h) Preis der Kohle im Kesselhaus f. 1 Tonne „	180,—	180,—	180,—

i) somit Kosten für 1 kWh bei

Betriebs- dauer	Kohlen- verbrauch				
8000 Std.	0,9	kg Pf.	17,62	18,09	190,3
5000 „	1,0	„ „	20,26	21,02	22,53
2500 „	1,15	„ „	25,23	26,74	29,76
1000 „	1,40	„ „	36,52	40,30	47,85

2. Wasserkraftanlagen:			
a) Anlagekosten II f. 1 kW und Jahr . M.	600	800	1000
b) Verzinsung 5,5% von Anlage II . . . „	33,—	44,—	55,—
c) Erneuerung 4% von Anlage IV . . . „	168,—	224,—	280,—
d) Kleinmaterial . . . . „	2,—	3,—	4,—
e) Personal . . . . „	6,—	12,—	20,—
f) Reparaturen . . . . „	21,—	28,—	35,—
g) Gesamtkosten f. 1 kWh und Jahr . . „	230,—	311,—	394,—

h) somit Kosten f. 1 kWh bei

		20 000 kW	5000 kW	1000 kW
8000 Betriebsstd.	„	2,88	3,89	4,93
5000 „	„	4,60	6,22	7,88
2500 „	„	9,20	12,44	15,76
1000 „	„	23,—	31,10	39,40

Die Ergebnisse sind in Abb. 9 für die Ausbaugrößen 20 000 und 5000 kW zeichnerisch aufgetragen. Die Gruppe A: Herstellung und Betrieb im Frieden kommt heute nicht mehr in Frage, sie stellt lediglich Vergleichsmaterial dar und muß durch Gruppe C: Herstellung im Frieden und Betrieb im Kriege ersetzt werden.

Die Auftragungen zeigen, daß die im Krieg erbaute Wasserkraftanlage billiger Strom zu erzeugen vermag wie die im Frieden gebaute Dampfkraftanlage. Hierbei ist aber der Umstand noch nicht berücksichtigt, daß die für Friedensverhältnisse angenommene

Kohlenmenge heute in der Regel nicht mehr genügt, weil jeder
Kraftwerkbesitzer sich die für seinen Betrieb wirtschaftlich ge-
eignetste Kohle nicht mehr wählen kann, sondern oft mit schlechter

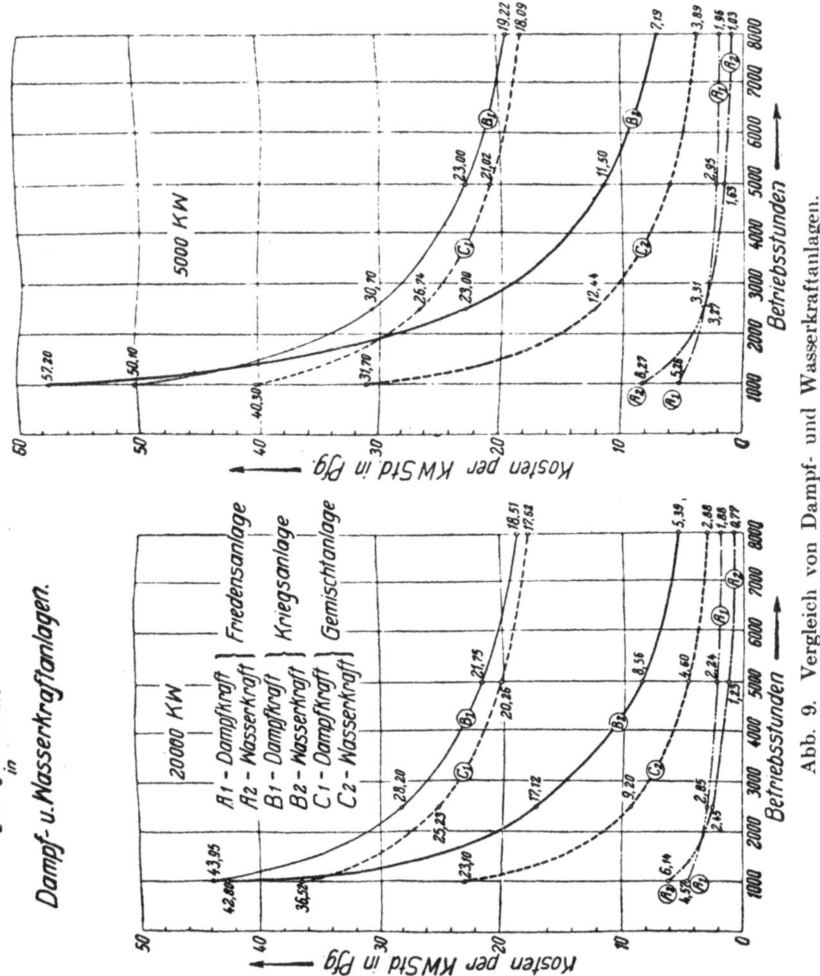

Abb. 9. Vergleich von Dampf- und Wasserkraftanlagen.

und teuerer Kohle vorlieb nehmen muß und infolgedessen mit
größeren Kohlenmengen und höheren Preisen pro kWh zu rechnen
hat. Infolge dieses Umstandes verschiebt sich das Bild noch mehr
zuungunsten der Dampfkraftanlage.

In obiger Zusammenstellung steckt allerdings insofern noch ein Risiko, als der Kohlenpreis im Laufe der kommenden Jahre sinken kann, wodurch die Dampfkraftanlagen sich wirtschaftlich den Wasserkraftanlagen wieder nähern. Die Berücksichtigung dieses Faktors dürfte am deutlichsten veranschaulicht werden durch Ermittlung jener Kohlenpreise, bei welchen sich unter sonst gleichbleibenden übrigen Annahmen die Energie-Erzeugungskosten für Dampf- und Wasserkraftanlagen gleichstellen.

Es ergibt sich:

B. Herstellung und Betrieb im Krieg (Kriegsanlagen).

Dampfkraft- und Wasserkraftanlage ergeben gleich hohe Betriebskosten, wenn die Kohlenkosten im Kesselhaus pro Tonne betragen:

Betriebsstunden	20 000 kW	5000 kW	1000 kW
8000	33	45	48
5000	48	65	70
2500	84	113	121
1000	172	232	250

C. Herstellung im Frieden und Betrieb im Krieg (Gemischtanlagen).

Dampfkraft- und Wasserkraftanlage ergeben gleich hohe Betriebskosten, wenn die Kohlenkosten im Kesselhaus pro Tonne betragen:

Betriebsstunden	20 000 kW	5000 kW	1000 kW
8000	16	22	23
5000	23	32	34
2500	41	56	58
1000	84	114	120

d. h. eine im Frieden hergestellte Dampfkraftanlage von 20 000 kW mußte bei 8000 Betriebsstunden die Kohle für 16 M pro t einkaufen, um den Strom zum gleichen Preis zu erzeugen, wie eine unter denselben Verhältnissen gebaute gleichgroße Wasserkraftanlage.

Der Kohlenpreis im Frieden ist mit 18 M pro t angenommen, gegenwärtig mit 180 M. Nimmt man beispielsweise an, daß der Kohlenpreis auf 84 M pro t zurückgeht, so wird eine im Krieg hergestellte 20 000-kW-Dampfkraftanlage nur bei weniger als 2500 Betriebsstunden und eine im Frieden hergestellte Dampfkraftanlage nur bei weniger als 1000 Betriebsstunden den Strom billiger herstellen können wie die gleichgroße Wasserkraftanlage.

Die Studie ist durchgeführt für mitteldeutsche Verhältnisse; in Süddeutschland mit ungünstiger Kohlenbeschaffung stehen die Wasserkraftanlagen in einem noch günstigeren Verhältnis zu den Dampfkraftanlagen.

Löhne und Materialpreise werden, wie früher angeführt, wieder wahrscheinlich immer in einem ziemlich festen Verhältnis zueinander stehen. Die *Folge* wird sein, daß bei weiter ansteigenden Löhnen und Kohlenpreisen die Überlegenheit der Wasserkraftanlagen noch zunimmt und daß daher der Ausbau von Wasserkräften ohne *Rücksicht* auf die wirtschaftlichen Verhältnisse und selbst wenn *diese* sich noch beträchtlich ungünstiger gestalten, mit aller *Tatkraft* gefördert werden muß."

Die vorstehenden Ausführungen Klingenbergs zeigen deutlich, *wie* wichtig es ist den Ausbau unserer Wasserkräfte aufs äußerste zu beschleunigen. Besonders aber wird in Zukunft nicht nur ein privatwirtschaftlicher Vorteil ausschlaggebend sein dürfen, sondern es muß die gesamte Wirtschaft in erhöhtem Maße berücksichtigt werden, und es muß äußerste Sparsamkeit hinsichtlich unserer Kohlenbestände von maßgebender Bedeutung sein.

Durch weitgehendste Ausnutzung der Wasserkräfte wird sich eine Ersparnis an Kohlen in Höhe von etwa 10 Mill. t im Jahre erzielen lassen. Allerdings wird das erst in einer langen Reihe von Jahren voll möglich sein, da der Ausbau der Wasserkräfte lange Zeit und viel Geld in Anspruch nimmt.

Während wir in den Wasserkräften einen recht beachtenswerten Ersatz für Brennstoffe besitzen, sind die anderen Ersatzmöglichkeiten, die noch zu behandeln sind, demgegenüber von geringerer Bedeutung. Durch die Ausnutzung von Ebbe und Flut können zwar auch recht bedeutende Mengen elektrischer Arbeit gewonnen werden, doch kann dies nur unter Aufwendung sehr großer Kapitalien geschehen. Außerordentlich große Erdarbeiten sind notwendig, um bei dem verhältnismäßig geringen Unterschiede zwischen Ebbe und Flut an unseren Küsten eine nennenswerte Leistung zu erzielen. Zu beachten ist, daß diese Bauten beständig großer Abnutzung durch die Bewegung der Wellen und besonders aber durch die hin und wieder auftretenden Springfluten ausgesetzt sind. Inwieweit Anlagen zur Ausnutzung der Ebbe und Flut einigermaßen wirtschaftlich sich verwirklichen lassen werden, wird noch besonders zu untersuchen sein. Ausführbar werden sie nur an solchen Stellen der Küste sein, die schon von der Natur aus gewisse Erleichterungen bieten.

Nach Angaben in den „Nachrichten für Handel, Industrie und Landwirtschaft“ ist in Frankreich die Herstellung einer solchen Anlage in Aussicht genommen, die 1200—1500 Fr. Herstellungskosten für 1 PS bedingen soll.

Die Bewegung der Wellen ist bisher in ganz kleinen Anlagen der Ausnutzung zugeführt worden und wird wohl auch in Zukunft auf solche beschränkt bleiben. Eine nennenswerte Entlastung des Verbrauches von Brennstoffen wird dadurch kaum erzielt werden können, und diese Anlagen seien hier nur der Vollständigkeit wegen erwähnt.

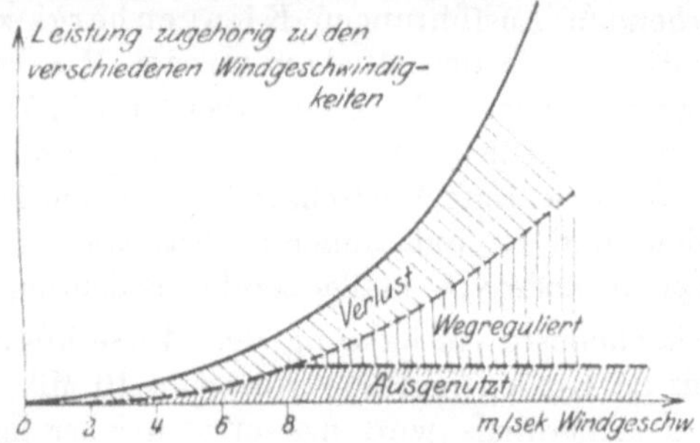

Abb. 10.   Leistung einer Windkraftanlage bei verschiedenen Wind-Geschwindigkeiten.

Etwas günstiger liegen die Verhältnisse bezüglich der Ausnutzung der Windkraft, obgleich auch da die großen Hoffnungen, die vielfach auf sie gesetzt werden, zunächst noch keine Aussicht auf Erfüllung haben. Es handelt sich bei diesen Anlagen meistens um verhältnismäßig geringe Leistungen; schon große Windkraftanlagen bringen es nur auf eine Jahresarbeit von 20—35 000 kWh. Der Wirkungsgrad der Windkraftanlage, der früher ungefähr nur 5% betragen hat, ist schon in der letzten Zeit vor dem Kriege, namentlich durch die Bemühungen La Cours wesentlich gesteigert worden, und zwar bis auf ungefähr 17%. Man sieht also, daß hier noch große Möglichkeiten für Verbesserungen bestehen; doch darf man auch nicht die Schwierigkeiten, die zu überwinden sind, unterschätzen. Vielleicht gelingt es noch in nächster Zeit, den Wirkungsgrad auf $30—40\%$ zu erhöhen, so daß dann die

Leistungsfähigkeit der Anlage eine beachtenswerte Steigerung erfahren würde.

Die geringe Arbeitsleistung der Windkraftanlagen ist darauf zurückzuführen, daß nur ein Teil der Energie des Windes ausgenutzt werden kann. Wie weiter unten gezeigt wird, ändert sich die Leistung einer Windkraftmaschine mit der dritten Potenz der Windgeschwindigkeit. Leider kann die Leistung bei kleinen Windgeschwindigkeiten nicht vorteilhaft ausgenutzt werden; ebenso auch nicht die bei den großen. Die Windkraftmaschine muß infolgedessen für einen bestimmten Arbeitsbereich gebaut werden, wie dies die Abb. 10 und 11[1]) zeigen.

Von Bedeutung sind schon jetzt solche windelektrischen Anlagen für abgelegene Güter und Gärtnereibetriebe sowie für abseits

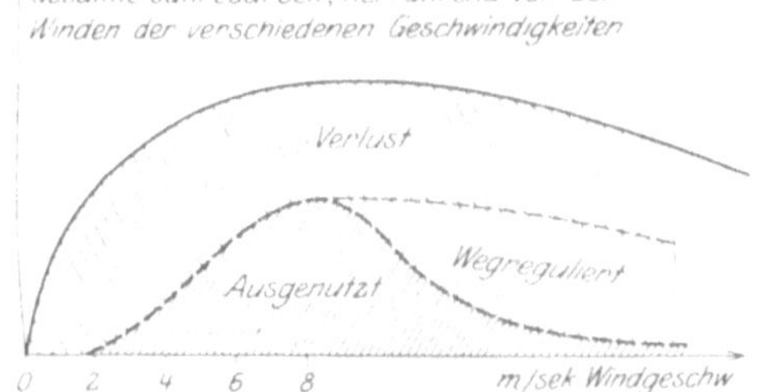

Abb. 11. Jahresarbeit einer Windkraftanlage bei verschiedenen Wind-Geschwindigkeiten.

liegende Ansiedlungen, Hotels, Anstalten usw. Ferner sind solche Anlagen von besonderer Bedeutung für drahtlose Telegraphie.

Im Inland kann man im allgemeinen auf 4—5 m Wind während 8 Stunden am Tag rechnen, an den Küsten auf 5—6 m.

Die Befürchtung, daß der Wind wochenlang ausbleiben könnte, ist nicht berechtigt. Nach der Windstatistik des kgl. Meteorologischen Instituts in Berlin[2]) ist im Jahre

---

[1]) Diese sind entnommen dem Aufsatz „Die Möglichkeiten der Windausnutzung und ihre Bedeutung für die Energiewirtschaft von Dr. Ing. G. Liebe, ETZ 1920, S. 501.

[2]) ETZ 1915, S. 178.

Wind von 3 bis 3,9 m vorhanden während 1350 h,
  „   „ 4 „ 4,9 m   „   1661 h,
  „   „ 5 „ 5,9 m   .   „   1722 h,
  „   „ 6 „ 6,9 m   „   „   1287 h,
  „   „ 7 „ 7,9 m   „   ..   868 h,
  „   „ 8 „ 12,0 m   „   „   720 h,
also nutzbarer Wind jährlich vorh.   „   7608 h.

Eine Faustformel für die Berechnung der Leistung der Windräder ist nach Z. d. V. D. Ing. 1909, S. 358

$$N = \frac{S \cdot v^3}{1250},$$

worin S die gesamte Flügelfläche in qm und v die Windgeschwindigkeit bedeutet.

Wind-Tabelle.

Windgeschwind. in m i. d. Sek.	Beaufortsche Skala	Winddruck auf 1 □m	Bezeichnung	Äußerung
4—5	1	2,7 kg	leicht	Zweige bewegen sich
6—7	2	5 „	mäßig	Äste biegen sich
8—9	3	8 „	frisch	Baumkronen rauschen
10—11	4	13 „	sehr frisch	Pappeln biegen sich
12—14	5	19 „	stark	Zweige und Laub reißen ab
15—16	6	27 „	stürmisch	Dünne Äste brechen
17—19	7	40 „	Sturm	Starke Äste brechen
20—23	8	56 „	starker Sturm	} Kiefern werden entwurzelt
24—28	9	76 „	schwerer „	
29—33	10	103 „	} Orkan	} verheerend
34—38	11	137 „		
40	12	195 „		

Die Ausnutzung der Sonnenstrahlung dürfte für lange Zeit noch von untergeordneter Bedeutung sein, obwohl nicht zu verkennen ist, daß darin eine außerordentlich große Energiequelle gegeben ist.

In Kairo [1]) befindet sich schon seit einigen Jahren eine solche Anlage mit einer Leistung von 50 PS. in Betrieb und arbeitet sehr wirtschaftlich.

Die Ausnutzung der Erdwärme ist in Deutschland bis jetzt überhaupt noch nicht praktisch durchgeführt worden. In England

---

[1]) 30° nördlicher Breite.

bringt man ihr aber in letzter Zeit großes Interesse entgegen, und es besteht die Absicht, durch Niederbringung sehr tiefer Bohrlöcher der Lösung des Problems näher zu kommen. Die Stadt Brix (Vereinigte Staaten)[1]) wird durch erbohrtes warmes Wasser beheizt, und in der Umgegend von Larderello (Toskana) ist von dem italienischen Großindustriellen Fürst Conti[2]) eine Anlage mit drei Turbodynamos von je 3600 kW errichtet worden. Der erzeugte Drehstrom wird nach Voltena, Siena, Cesina, Livorno und Florenz geleitet.

Die Gewinnung elektrischer Arbeit aus der Luft[3]) befindet sich noch im Zustande des Versuches und scheidet in den nächsten Jahren für den praktischen Gebrauch aus. Ebenso steht es mit den kosmischen Fernkraftwerken, die Prof. E. F. W. Rasch[4]) vorschlägt. Jedenfalls ist auf lange Jahre hinaus mit den eben erwähnten Verfahren zur Krafterzeugung nicht zu rechnen und sie seien hier nur der Vollständigkeit halber erwähnt.

Soweit nicht wie vorstehend angegeben, der Verbrauch von Brennstoffen ganz ausgeschaltet werden kann, muß die Forderung aufgestellt werden, daß der zur Verwendung kommende Brennstoff in Zukunft mit höchster Wirtschaftlichkeit ausgenutzt wird; d. h., daß die erzeugte Kraft, Wärme, Licht usw. und die mit ihrer Hilfe hergestellten Erzeugnisse unter bester Ausnutzung hergestellt und verwendet werden. Diese Frage der Wirtschaftlichkeit, die bisher lediglich eine Frage des einzelnen war, muß immer mehr zu einer solchen der Gesamtheit werden, und es muß sich jeder daran gewöhnen, volkswirtschaftlich in dieser Angelegenheit zu denken und zu handeln. Gegebenenfalls wird sich ein Zwang nicht vermeiden lassen.

Wenn man darauf angewiesen ist zu sparen, ist es von Bedeutung zu wissen, wofür eigentlich die Kohlen verbraucht werden. Es mögen deswegen hier Angaben über die ungefähre Verteilung der deutschen Kohlenerzeugung im Jahre 1913[5]) folgen:

---

[1]) Kukuk, Unsere Kohlen 1913, S. 110.
[2]) ETZ 1917, S. 12.
[3]) Elektrizität 1920, Heft 24, S. 193.
[4]) Industrie- und Handelszeitung vom 28. III. 1920.
[5]) Biedermann, Deutschlands Kohlenschätze 1916.

Industrie . . . . 51 %
Verkehr . . . . 15 „
Hausbrand . . . . 9 „
Gas- und Elektrizitätswerke . . . . . 8 „
Landwirtschaft . . . . 4 „
Ausfuhr . . . . 13 „

Es erscheint zweckmäßig, hier einige Zahlen über die bis jetzt im allgemeinen übliche Ausnutzung der Brennstoffe bei Kesseln, Dampfmaschinen, Dampfturbinen, Gaskraft- und Dieselmaschinen zu geben. Die einzelnen bekannt gewordenen Zahlen weichen natürlich außerordentlich voneinander ab, und es mögen in nachfolgender Aufstellung Mittelwerte verhältnismäßig guter Ausführungen gegeben werden.

Den Wirkungsgrad der Kessel kann man im allgemeinen zwischen 70 % und 80 % im Mittel zu 75 % annehmen. Daß allerdings auch sehr viel schlechtere Werte vorkommen, zeigt nachfolgende vom „Bayerischen Revisionsverein" für das Jahr 1919 veröffentlichte Tabelle [1]).

Kesselbauart [2])	Feuerung [2])	Brennstoff	Gesamtwirkungsgrad
2 Fl.	Pl. i U.	$\frac{1}{2}$ Saarnuß . . . . $\frac{1}{2}$ Koksgrieß	*57,5
2 Fl.	Pl. i. Pl. i. U	Oberbayer. Nuß II . . .	55,9 54,9
„	Pl. i. Pl. i. U.	Saargrieß	61,2 58,8
W.	Pl. U.	Stockheimer Klaar . . .	56,0
..	„	„ Förder . . .	61,0
W.	St.	Ossegger Nuß III	66,2
W.	W. R.	Oberbayer. Waschgrieß .	77,4
..	..	„ „ .	76,2
..	..	Oberschles. Ib	86,9
..	..	2 Oberschles. Nuß . . . 1 Ruhrstaub	80,6
„	..	1 Kohle (bayer.) . . . . 2 Lohe.	66,7
L.	Pl. A.	Saarnuß II	61,6
L.	St.	Buchenabfälle	59,5

[1]) Mitteilungen des Reichsbundes Deutscher Technik, 1920, Nr. 22.

[2]) 2 Fl. = Zweiflammenrohrkessel; W. = Wasserrohrkessel; L. = Lokomobilkessel; Pl. i. = Planrostinnenfeuerung; Pl. = Planrost (Außenfeuerung); St. = Stufenrost; W. R. = Wanderrost; A. = automatische Beschickung; U. = Unterwind.

Bei den Einzylinder-Auspuffmaschinen wird ungefähr 7 bis 8% der in der Kohle enthaltenen Wärmemenge in Arbeit umgesetzt. Ungefähr 25% gehen im Kessel verloren und ungefähr 62% würden für Heizung verfügbar sein. Die Tandemmaschine mit Kondensation nutzt 11—12% aus und ungefähr 58% gehen im Kühlwasser ab. Bei großen Dampfmaschinen und Dampfturbinen kann man im Mittel ungefähr 13% nutzbare Arbeit aus der Kohle gewinnen. 25% beträgt der Kesselverlust und ungefähr 58%

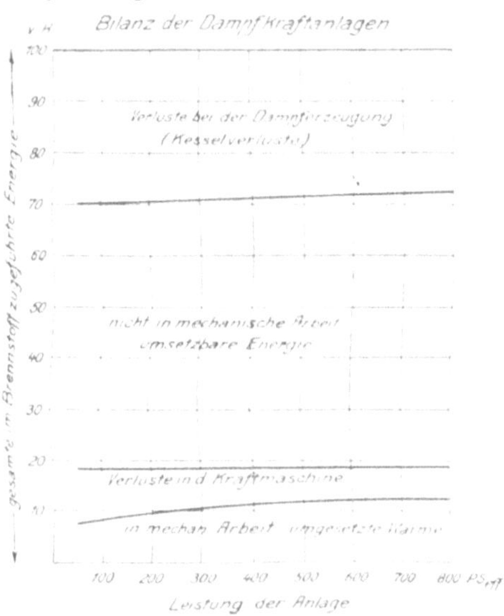

Abb. 12. Wärmeausnutzung des Brennstoffes bei Dampfkraftanlagen.

gehen im Kühlwasser ab. Nach der Angabe der Firma Ehrhard und Sehmer wird bei Gas- und Dieselmaschinen die in der Kohle aufgewendete Wärmemenge etwa wie folgt verbraucht:

		Prozent
Generator-Gasmaschinen .	⎰	20,5 eff. Arbeit
		27 Auspuff
		30 Kühlwasser
Viertaktgasmaschinen . .	⎰	26,8 eff. Arbeit
		30 Auspuff
		38,2 Kühlwasser
Hochleistungsgasmaschinen	⎰	28,6 eff. Arbeit
		39,4 Auspuff
		29,5 Kühlwasser

Prozent

Dieselmotoren . . . . . . $\begin{cases} 34 & \text{eff. Arbeit} \\ 25 & \text{Auspuff} \\ 33 & \text{Kühlwasser} \end{cases}$

Man ersieht aus diesen Zahlen, daß durch die Ausnutzung der im Kühlwasser und im Auspuff enthaltenen Wärmemengen sich große Ersparnisse an Brennmaterial erzielen lassen.

Die Abb. 12—15, die dem Buche „Neuere Kraftanlagen" von E. Josse entnommen sind, zeigen die Einzelverluste für Anlagen verschiedener Größe, und zwar für Dampfkraft-, Sauggas- und Dieselmotor.

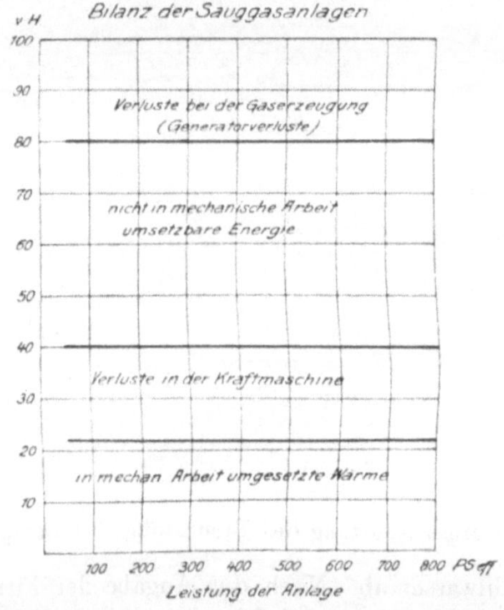

Abb. 13. Wärmeausnutzung des Brennstoffes bei Sauggasanlagen.

Über die gesamte bei den verschiedenen Kraftmaschinen ausnutzbare Abwärme gibt die Abb. 16 sehr klaren Aufschluß. Sie entstammt den „Richtlinien für die Erzielung sparsamer Brennstoffwirtschaft bei Dampfkraftanlagen" der Hauptstelle für Wärmewirtschaft [1]).

---

[1]) Darüber siehe auch Monatsblätter des Berliner Bezirksvereins deutscher Ingenieure, H. Heilmann, 1918, S. 41.

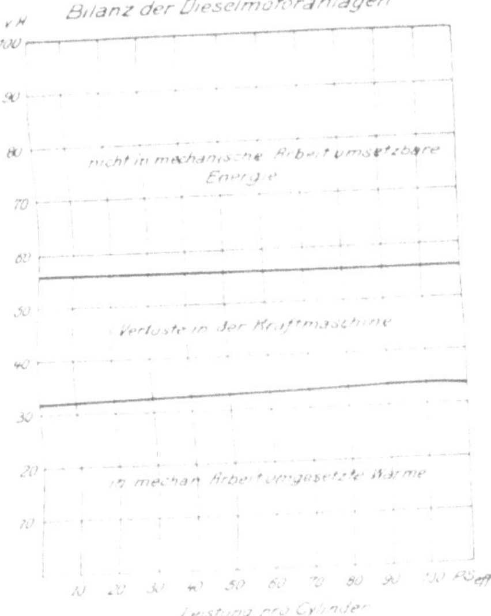

Abb. 14. Wärmeausnutzung bei Dieselmotoranlagen.

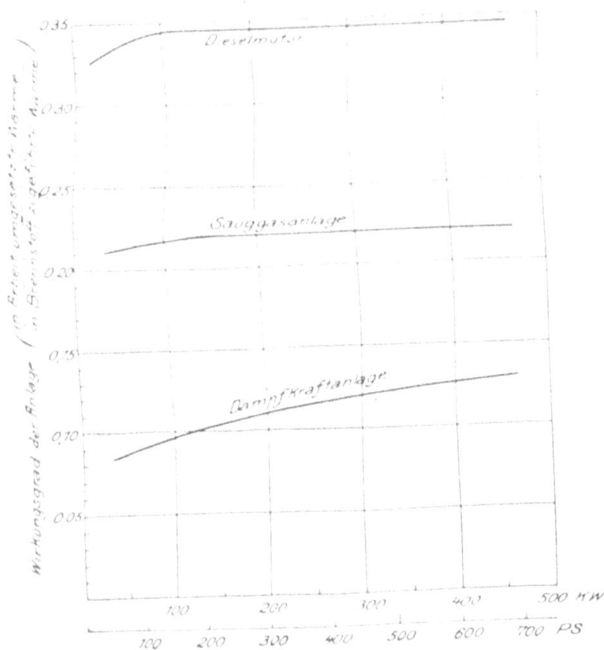

Abb. 15. Ausnutzung des Brennstoffes bei verschiedenen Kraftmaschinen.

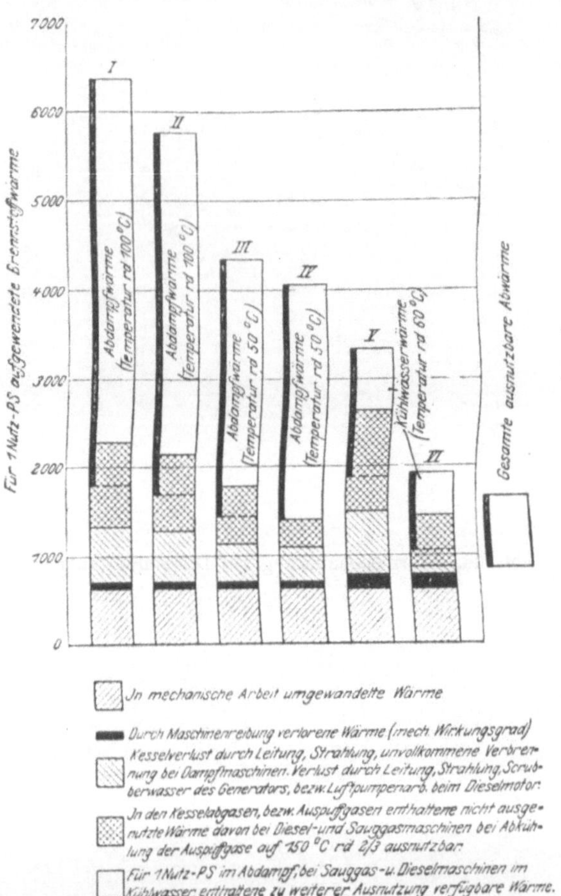

I = Heißdampf - Einzylinder - Auspuffmaschine. — II = Heißdampf - Verbund - Auspuffmaschine. — III = Heißdampf-Verbund-Kondensationsmaschine ohne Abgasvorwärmer. — IV = Heißdampf-Verbund-Kondensationsmaschine mit Abgasvorwärmer. — V = Sauggasmaschine. — VI = Dieselmaschine.

Abb. 16. Verteilung der für eine Nutzpferdestärke aufzuwendenden Brennstoffwärme.

Nach Josse[1]) beträgt der thermische Wirkungsgrad im Jahresdurchschnitt ungefähr

[1]) Neuere Kraftanlagen, 1911, S. 98—111.

bei Kolbenmaschinen . . . . 4 — 8,6%
„ Lokomobilen . . . . 4,5— 7,6%
„ Kleindampfturbinen . . . . 8 — 9 %
„ Großen Kolbenmaschinen . . . . 5,5—11,6%
„ Großen Dampfturbinen . . . . 6,2—12,3%
„ Saugkraftanlagen . . . . 7,3—21,2%
„ Groß-Gasmaschinenanlagen (Hochofengas) rd. 21,4%
„ Dieselmaschinenanlagen . . . . 25 —32,3%

In meinem Aufsatz „Die wirtschaftliche Bedeutung der Elektrizitätswerke Deutschlands"[1] habe ich Unterlagen über die Wärmeausnutzung von Elektrizitätswerken auf Grund der Statistik der Vereinigung der Elektrizitätswerke vom Jahre 1906 bzw. 1907 bekannt gegeben. Danach berechnet sich der Wärmewirkungsgrad für die verschiedenen Betriebsarten und Größen von Werken wie folgt:

Dampfbetrieb

kW	Wirkungsgrad %
500	4,2
750	5,3
1 400	5,6
8 000	6,9

Gasbetrieb

kW	Wirkungsgrad %
80	8,6
200	9,4
400	12,9

Ganz ähnliche Zahlen sind in einer neueren Veröffentlichung über Kohlenverbrauchszahlen für Elektrizitätswerke[2] der Vereinigten Staaten von Amerika und von Kanada bekannt geworden. Danach ergaben sich folgende Werte:

kW	Wirkungsgrad %
650	3,5
2 980	6,2
7 230	7,0
24 600	6,6
96 000	12,1
149 000	13,1
Mittelwert 46 340	8,4

[1] Elektrische Kraftbetriebe und Bahnen, 1910, Heft 14/17.
[2] ETZ 1919, S. 193.

Demnach beträgt die Ausnutzung im Jahresdurchschnitt bei kleinen Werken ungefähr 4—6%, bei mittleren Werken ungefähr 6—9% und bei größeren ungefähr 12—14%.

Ferner ist nach Siegel die Ausnutzung für die verschiedenen Brennstoffe ungefähr wie folgt: bei Kohle 8%, Koks 19%, Leuchtgas 20%, Treiböl 25%.

Für die Wärmeausnutzung bei verschiedenen Kohlensorten sind Erfahrungszahlen während des Krieges durch die Elektrizitäts-Wirtschafts-Stelle gesammelt worden. Danach ergeben sich bei verschiedenen Kohlensorten folgende Angaben über den spezifischen Kohlenverbrauch und den Wirkungsgrad.

Art der Kohle Wärmeeinheiten	Werke	Im Mittel kg/kWh	Im Mittel Wirkungsgrad
6500—7500	92	1,18	10,5
5500—6500	36	1,34	10,8
4500—5500	30	1,7	10,2
3500—4500	9	2,5	8,6
2500—3500	7	3,5	8,3
1800—2500	10	5,7	7,1

Aus diesen Zahlen ersieht man, welche bedeutende Mengen von Brennstoff gespart werden können, wenn die Elektrizitätswerke es ermöglichen können, die Abfallwärme auszunutzen.

Die Frage der direkten Erzeugung von Arbeit aus Kohle, unter Umgehung des Verbrennungsprozesses ist noch nicht der Lösung so weit zugeführt, daß es möglich ist, darüber zu entscheiden, wie weit eine praktische Anwendung in nächster Zeit in Aussicht steht. Selbst über die Vergasung der Brennstoffe liegen noch wenig Erfahrungen vor und die dazu dienenden Verfahren befinden sich zum Teil noch im Stadium der Entwicklung.

Wie Caro [1]) richtig ausführt, ist es in einer großen Anzahl von Fällen wirtschaftlicher und brennstoffsparend, wenn der Heizstoff ohne Verkokung und ohne Gewinnung von Nebenprodukten unmittelbar verbrannt wird. Es ist jedenfalls nicht richtig, allgemein von den wirtschaftlichen Vorteilen der Vergasung von Nebenprodukten zu sprechen, sondern es kann nur von Fall zu Fall entschieden werden, ob solche Vorteile vorliegen oder nicht.

---

[1]) Die rationelle Ausnutzung der Kohle, C. Heymanns Verlag, Berlin 1918.

Soweit Verkokbarkeit des Brennstoffes besteht, ist es nach Caro in vielen Fällen zweckmäßiger, statt der Vergasung nur die Entgasung auszuführen. Es ergibt sich dann zwar ein Wärmeverlust von 10—15 %, aber es wird die übrige Wärmemenge in einer zweckmäßigen Form, nämlich als transportabler Koks und ein hochwertiges Gas gewonnen.

Auch Klingenberg[1]) hat gezeigt, daß der Kohlenverbrauch von großen Kraftwerken mit Dampfturbinen ohne Nebenproduktenanlage geringer ist, als bei Anlagen mit Nebenproduktengewinnung, und zwar sowohl für Verwendung von Gasmaschinen wie für Dampfturbinen. Abb. 17 zeigt den verhältnismäßigen Kohlenverbrauch der drei Betriebsarten für die Belastungen, wie sie dem heutigen mittleren Belastungsfaktor von Elektrizitätswerken entsprechen, wobei der Kohlenverbrauch der Dampf-

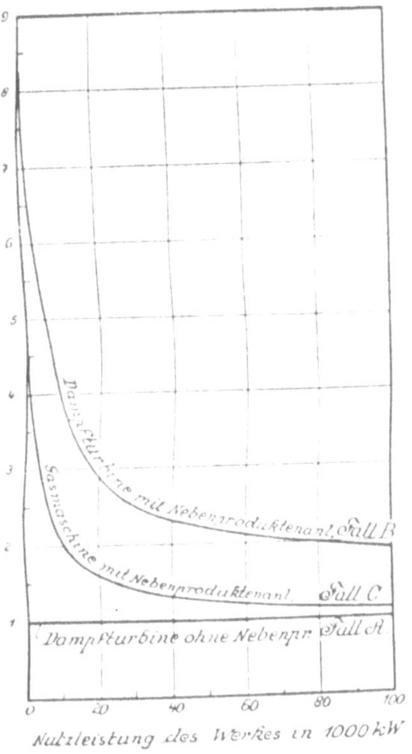

Abb. 17. Verhältnismäßiger Kohlenverbrauch der Betriebsarten. (Kohlenverbrauch der Dampfturbinen ohne Nebenproduktenanlage = 1 gesetzt.)

turbine ohne Nebenproduktenanlage gleich 1 gesetzt ist. Auch Klingenberg kommt zu dem Resultat, daß die immer wieder vorgebrachte Behauptung, die unmittelbare Verfeuerung der Kohle unter Verzicht auf Gewinnung von Nebenprodukten stelle eine

---

[1]) Die rationelle Ausnutzung der Kohle. C. Heymanns Verlag, Berlin 1918 und Zeitschrift des Vereins Deutscher Ingenieure 1918, S. 1.

ungeheure Verschwendung von Brennstoff und von nationalem Vermögen dar, nicht richtig sei. Er sagt, daß zwar die in der Kohle enthaltenen Stoffe vernichtet werden, dem aber eine fühlbare Schonung unserer Kohlenvorräte gegenübersteht.

Über die Kosten der Dampfturbinen-Werke mit und ohne Nebenproduktengewinnung und über Gasmaschinenwerke macht Klingenberg folgende Zusammenstellung:

	Dampfturbinenwerk ohne Nebenproduktengewinnung		Gas-maschinen-werk
	A	B	C
Es betragen die Anlagekosten in Mill. M.:			
für Maschinen- und Kesselanlage	22,5	21,2	32,4
für Anlage zur Erzeugung von Zusatzdampf, Generatoren, Nebenproduktengewinnung .	--	25,0	15,2
Gesamte Anlagekosten	22,5	46,2	47,6

Die Anlagekosten sind für B und C also annähernd gleich und rund doppelt so groß wie für A.

Über die Aussichten für Kraftwerke gibt Klingenberg nachstehende Zusammenstellung:

1. Nebenproduktanlagen in Kraftwerken sind unwirtschaftlich, wenn der Belastungsfaktor unter 60% sinkt.

2. Die Aussichten werden desto geringer, je kleiner das **Kraft**werk ist. Bis herunter zu einer Spitzenleistung von 50 000 kW können die Rechnungen noch als zutreffend angesehen werden. Liegt die Spitze wesentlich tiefer, so muß der Belastungsfaktor entsprechend höher sein, wenn dieselbe Wirtschaftlichkeit wie in einem größeren Werk erreicht werden soll.

3. Würde man die Belastung eines Kraftwerkes so teilen, daß auf die Nebenproduktenanlage der durchlaufende Teil entfällt (etwa durch Verbindung einer Gasmaschinenanlage mit Nebengewinnung und einer Dampfturbinenanlage), so würde die verhältnismäßig kleine Leistung der Nebenproduktenanlage und die Verschlechterung des Belastungsfaktors des Dampfturbinenteiles die gesamten Betriebskosten in der Regel ungünstig beeinflussen.

4. Einzelkraftanlagen sind hiernach für die Gewinnung von Nebenprodukten selten geeignet. Eine Ausnahme machen elektrochemische und ähnliche Betriebe mit gleichmäßig durchlaufender Belastung. Auch bei diesen hängt der Erfolg von einer vorsichtigen Prüfung des wirtschaftlichen Wagnisses ab. Gute Ausbeute, ausreichender Preis der Nebenprodukte und mäßiger Kohlenpreis sind unerläßliche Voraussetzung der Wirtschaftlichkeit.

5. Die Kohlensteuer schränkt die wirtschaftliche Gewinnung der Nebenprodukte merklich ein, Transporte über größere Entfernungen machen sie in der Regel unmöglich.

6. Braunkohlenanlagen sind in Fällen guter Teerausbeute in der Regel günstiger als Steinkohlenanlagen. Seit einiger Zeit sind Bestrebungen im Gange, die Beschaffenheit des Generatorteeres zu verbessern und ihn den sog. Temperaturteeren zu nähern [1]). *Sie beruhen im wesentlichen darauf, daß die Entgasungsprodukte durch geeignete Maßnahmen der Hitze der Glutschicht entzogen und für sich aus dem Generator abgeführt werden, um zu verhindern, daß sich die primären Destillationsprodukte pyrogen ersetzen.* Sollten diese Bestrebungen auch im praktischen Großbetrieb Erfolg haben, so ist die Gewinnung hochviskoser Öle (Schmieröle) und eine Wertsteigerung des Generatorteeres zu erwarten. Für manche Braunkohlen mit niedrigem Stickstoffgehalt und hohem Teergehalt kann es vorteilhafter sein, auf die Gewinnung des Ammoniaks ganz zu verzichten.

7. In diesem Zusammenhange gewinnt die von mir empfohlene Verkupplung von Großkraftwerken erhöhte Bedeutung. Bei diesen wird man auf den auf der Grube belegenen mit niedrigeren Kohlenpreisen arbeitenden Werken die durchlaufende Belastung ohnehin zuweisen. Es ist dann ein Wert des Belastungsfaktors von mehr als $60\,^0/_0$ durchaus erreichbar. Die dadurch entstehende Betriebsverteuerung der übrigen Kraftwerke kann durch Schichtenausfall zum Teil ausgeglichen werden. Die nicht auf Gruben belegenen Kraftwerke werden soweit als möglich des Nachts stillgesetzt.

Bezüglich der Verwendung der Nebenproduktengewinnung für Einzelanlagen kommt Klingenberg zu dem Ergebnis, daß kleinere Anlagen — das sind ja bei weitem die meisten — für die Nebenproduktengewinnung nicht in Betracht kommen. Von den größeren

---

[1]) Fischer, Stahl und Eisen 1917, S. 346.

Anlagen scheiden aber alle diejenigen noch aus, deren Belastungsfaktor unter $60\,^0/_0$ liegt, so daß für die Nebenproduktengewinnung nur eine verhältnismäßig geringe Zahl großer Kraftwerke besonders solche für chemische Fabriken in Frage kommen

Neuerdings stellt Klingenberg [1]) das Ergebnis seiner gründlichen Untersuchungen über die Wirtschaftlichkeit von Vergasungsanlagen wie folgt zusammen:

1. Gasgeneratorenbetrieb für Kraftzwecke läßt sich wirtschaftlich nur rechtfertigen, wenn Gewähr dafür geboten ist, daß die Belastung eine sehr gleichmäßige ist.

2. Der Gasgeneratorbetrieb stellt sowohl technisch wie finanziell eine wesentliche Komplikation der Anlage dar. Zu Friedenspreisen gerechnet, wachsen die Anlagekosten für Dampfturbinenanlagen und für Kolbengasmaschinenanlagen auf mehr als das Doppelte der reinen Turbinenkraftwerke an. Die geringe Leistung des einzelnen Generators zwingt zur Aufstellung einer sehr großen Anzahl von Einheiten, die Kohlenhandhabung und die Bedienung dieser erfordert wesentlich mehr Arbeitskräfte als die reinen Dampfkraftwerke. Der mögliche Gewinn für das zusätzliche Anlagekapital ist unter den günstigsten Voraussetzungen selbst rechnerisch nur ein sehr mäßiger.

3. Steht nicht sehr gleichmäßiger und gleichkörniger Brennstoff zur Verfügung, so verursacht die Vorbehandlung des Brennstoffes beträchtliche Arbeit und Kosten.

Es kann keinem Zweifel unterliegen, daß die Nebenproduktengewinnung einem Mehrverbrauch an Kohle entspricht, wofür aber die so außerordentlich wertvollen Nebenprodukte gewonnen werden, deren Wert weit höher ist als der Mehrverbrauch an Kohle. Es ist auch als sicher anzunehmen, daß die Nebenproduktengewinnung in einer Anzahl von Jahren eine außerordentliche Bedeutung gewinnen wird und daß die Vergasung der Brennstoffe in Zukunft eine der zweckmäßigsten Verwendungen der Kohle darstellen wird. Die Verfahren und die Apparate sind aber noch so unentwickelt, daß von einer allgemeinen Anwendung der Vergasung für die nächsten Jahre noch nicht gesprochen werden kann. Dagegen wird in einzelnen Fällen schon jetzt die Vergasung unter Nebenproduktengewinnung von außerordentlicher Bedeutung sein und angestrebt werden müssen. Bis die Verfahren zur Nebenprodukten-

---

[1]) ETZ 1920, S. 609 und E. u. M. 1920, S. 339.

gewinnung die für die Ausnutzung des gewonnenen Gases der
Öle usw. notwendigen Maschinen nämlich die Gasturbine [1]) und
die Ölturbine erprobt und durchgebildet sein werden. dürften

Abb. 18. 1000 PS Holzwart-Gasturbine gebaut von Thyssen & Co.

noch eine Reihe von Jahren vergehen. in denen es hoffentlich
gelingt, die schlimmste Periode der Kohlenknappheit zu überwinden, so daß es dann auch möglich sein wird, unter Aufwendung
einer größeren Kohlenmenge die so wertvollen Stoffe zu gewinnen.

---

[1]) Zeitschrift des Vereins deutscher Ingenieure, 1920, S. 197.

Abb. 18 stellt eine 1000 PS Holzwart-Gasturbine [1]. die von Thyssen & Co. gebaut worden ist. dar und Abb. 19 eine projektierte 12 000 kW. Gasturbine. In Abb. 20 ist eine 3300 kW Gasturbine im Grundriß dargestellt und daneben zwei Stück 3300 kW Dampfturbinen. Diese Anlage ist für die Eisenbahnverwaltung bestimmt. Die Abb. 21 dagegen zeigt Ansicht und Grundriß einer im Bau befindlichen 500 PS.-Ölturbine [2]. gekuppelt mit Gleichstromdynamo

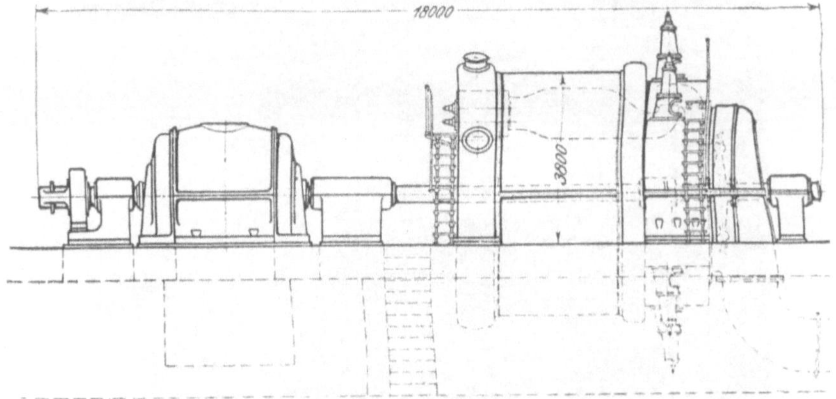

Abb. 19. Projektierte 12 000 KW-Gasturbine.

Nach Klingenberg[3] sind für Vergasungsanlagen die Bestrebungen der Humphrey-Wasserkolbenmaschine in Verbindung mit einer Wasserturbine als aussichtsvoll zu bezeichnen.

Besonders wichtig ist es, sobald die nötigen Einrichtungen zur Verfügung stehen, die vorhandenen minderwertigen Brennstoffe durch Vergasung auszunützen, da diese Verwendung in vielen Fällen wohl die zweckmäßigste sein dürfte. Sehr richtig hat Trenkler[4] gelegentlich des Kursus über Wärmewirtschaft in Berlin hervorgehoben, daß leider in den Revieren, in denen minderwertige Brennstoffe vorhanden sind, meistens auch gute

---

[1]) Zeitschrift des Vereins deutscher Ingenieure, 1920, S. 197.
[2]) Zeitschrift des Vereins deutscher Ingenieure 1920, S. 201.
[3]) ETZ 1920, S. 609 und E. u. M. 1920, S. 340.
[4]) Sparsame Wärmewirtschaft, Heft 1, S. 59.

zur Verfügung stehen. Der Betriebsingenieur ist dann aber schwer
dazu zu bekommen, sich mit dem schlechten Zeug herumzuschlagen.

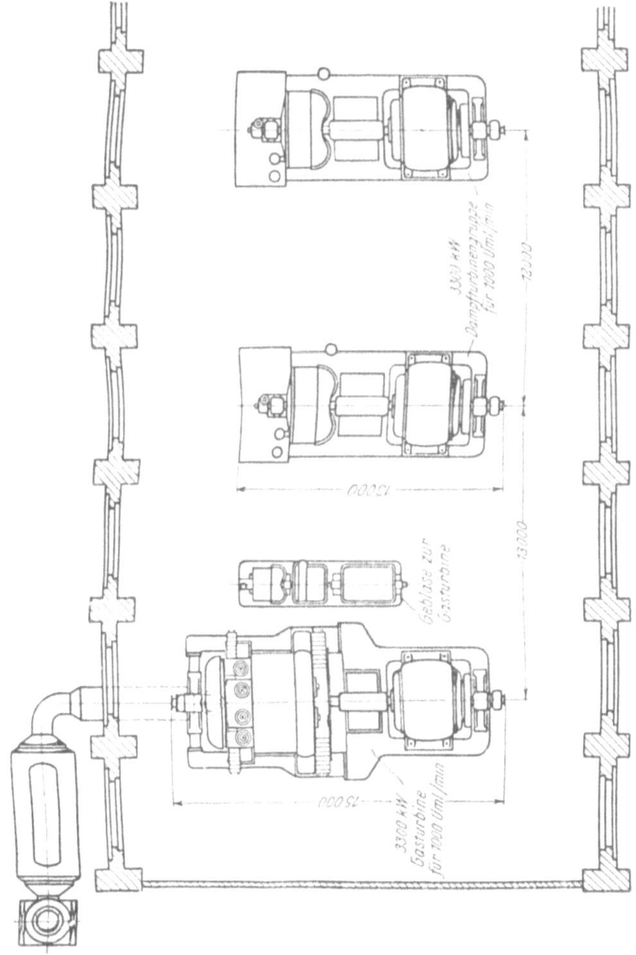

Abb. 20. 3300 kW. Gasturbine im Vergleich mit gleich großer Dampfturbine.

Im Interesse der wirtschaftlichen Verwertung der Brennstoffe ist
es aber notwendig, daß die Vergasung dieser minderwertigen

Brennstoffe mit allen Kräften gefördert wird. Es muß immer wieder hervorgehoben werden, daß bei der Brennstoffwirtschaft nicht mehr die Interessen des einzelnen, sondern die der ganzen Nation berücksichtigt werden müssen.

Bei der Forderung höchster Wirtschaftlichkeit in der Ausnutzung der Brennstoffe liegt natürlich die Forderung nach Erhöhung des Wirkungsgrades der Heizungsanlagen besonders nahe. Zeigen doch die Herde für Koch- und Heizzwecke vielfach eine

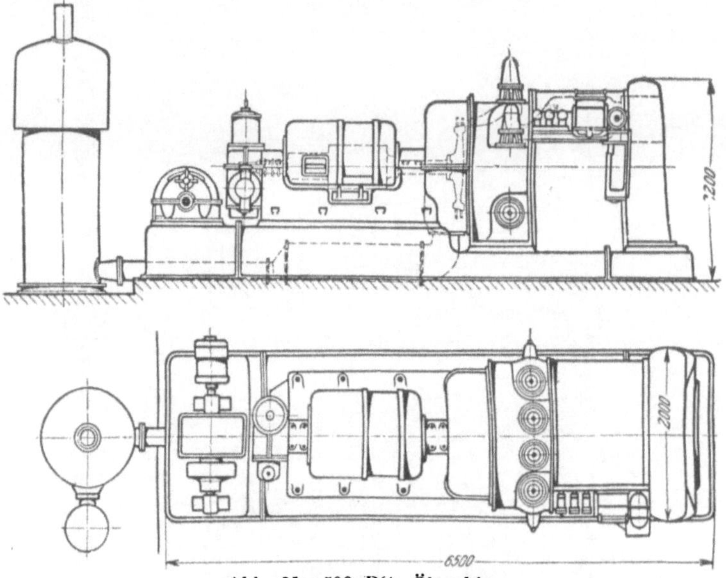

Abb. 21. 500 PS.-Ölturbine.

recht schlechte Ausnutzung. Wie Dr. Brabbée [1]) nachgewiesen hat, gibt es im Handel Herde, die mitunter nur bis zu $8\,^0/_0$ Wirkungsgrad haben und eine große Reihe der in der Benutzung befindlichen Herde werden nicht sehr viel größere Wirkungsgrade erreichen. Auch die Gasherde lassen oft viel zu wünschen übrig.

Eine Ersparnis im Hausbrand läßt sich durch erhöhte Verwendung der Grude erreichen und durch weitere Einführung der Kochkiste. Während des Krieges ist durch den Kohlenmangel hier schon ein ansehnlicher Erfolg erzielt worden.

---

[1]) Deutschlands zukünftige Kohlenwirtschaft, 1918, S. 11. Julius Springer.

Etwas besser liegen die Verhältnisse bei den Zentralheizungen. Im allgemeinen richteten sich bisher allerdings hier die Bestrebungen zur Verbesserung hauptsächlich auf den Bau und die Ausführung der Anlagen und erst in zweiter Linie auf den sparsamen Betrieb. Es ist aber nicht nur notwendig, die Anlagen praktisch für den Gebrauch und preiswert in der Herstellung zu machen, sondern es ist ganz besonders wesentlich, sie wirtschaftlich hinsichtlich des Brennstoffverbrauches auszugestalten. Nach Brabbée sind hierzu folgende wirksame Maßnahmen zu beachten:

1. wärmedichte Bauausführung der Gebäude;
2. Vermeidung undichter Stellen, insbesondere an Fenstern und Türen;
3. Vermeidung einfacher Glasflächen;
4. richtige und rechtzeitige Beschaffung des Brennstoffes und zweckmäßige Einlagerung desselben;
5. stärkere Berücksichtigung der mittleren Wintertemperatur statt der tiefsten Außentemperatur;
6. Anwendung von Kesseln, die auch bei geringer Belastung mit hohem Nutzwert arbeiten;
7. Vermeidung zu großer Rostflächen;
8. richtige Unterteilung der Kesselanlage derart, daß ein in sich geschlossener Teil auch bei milden Außentemperaturen mit günstigem Wirkungsgrad arbeitet;
9. gewissenhafte und öftere Reinigung der Kesselzüge und des Rostes;
10. rechtzeitige Einführung des Dauerbetriebes;
11. Verwendung geringsten Luftüberschusses;
12. einwandfreie Beschickung des Feuers;
13. Wiederverwendung des nach dem Aschfall gelangten Brennstoffes;
14. Auffindung von Grundrißlösungen, die hinsichtlich geringer Anlage- und niedrigster Betriebskosten vorteilhaft erscheinen;
15. Einschränkung der Wärmeverluste aller Anlageteile;
16. Vermeidung vorzeitigen Heizens im Herbst und rechtzeitige Außerbetriebsetzung der Anlage im Frühling;
17. Einhaltung mäßiger Raumtemperaturen, wobei für Wohnräume im allgemeinen 18° C angenommen werden kann;
18. Beschränkung der Zimmerlüftung auf ausreichende Menge und Zeit;

19. Anwendung von Lüftungsanlagen insbesondere maschineller Betriebe nur dort, wo sie unbedingt wichtig sind, wie z. B. in Schulen, Versammlungsräumen, Theatern, Fabriken usw.;

20. Prüfung der Bläser hinsichtlich ihres Wirkungsgrades;

21. Ausführung aller Luftleitungen und insbesondere aller Einzelwiderstände derart, daß geringste Betriebskosten erreicht werden;

22. Lüftung der Räume in solcher Weise, daß kleinste Luftmengen ausreichen;

23. einwandfreie Betriebsführung und sorgfältige Überwachung der Anlage;

24. Einführung billiger Wassermesser für Küchen und Bäder;

25. Ausführung der Warmwasserversorgung derart, daß sofort nach dem Zapfen heißes Wasser austritt, und daß das Weglaufenlassen ungenügend erwärmten Wassers unmöglich gemacht wird.

26. öftere Nachprüfung der verfeuerten Brennstoffmengen in Abhängigkeit von der Außentemperatur;

27. Belehrung der Heizer.

Nach Ansicht Brabbées können beim Hausbrand Verbesserungen von rd. 25—30% erreicht werden. Da hierfür in Zukunft rd. 15 Mill. t benötigt werden so ergibt sich durch diese Verbesserung die Möglichkeit ungefähr 4 Mill. t jährlich zu sparen.

Noch viel größere Kohlenmengen können aber gespart werden, wenn die Heizungsanlagen mit Kraftanlagen in der richtigen Weise vereinigt werden. Nach Josse [1]) sind unsere heutigen Heizungsanlagen (große Zentralheizungen von Häuserblocks) wärmetechnisch unvollkommen. Die Verbrennungsgase von 1200—1400° geben ihre Wärme an Dampf von 105° oder an Wasser von 80° ab. Sie werden dabei sehr schlecht ausgenutzt, da das hohe Temperaturgefälle sie zur Leistung mechanischer Arbeit befähigt, auf deren Gewinnung einfach verzichtet wird. Ähnlich liegen die Verhältnisse bei den Feuerungsanlagen für die Industrie. Wenn diese auch technisch zum Teil etwas mehr vervollkommnet sind so werden doch noch viele Fälle anzutreffen sein wo große Verbesserungen möglich sind. Ganz besonders aber wird die weitgehendste Abwärmeverwertung eine der wichtigsten Quellen der Brennstoff-

---

[1]) Sparsame Wärmewirtschaft, Heft 1, S. 9 Mittel und Wege zur besseren Ausnutzung unserer Brennstoffe.

ersparnis erschließen. Durch richtige Zusammenfassung von Kraft- und Wärmewirtschaft können sowohl in der Industrie, bei der Beheizung sowie bei der Gas- und Elektrizitätserzeugung große Kohlenmengen gespart werden. Nach Heilmann[1]) liegt in der Industrie die möglichst weitgehende Ausnutzung der Brennstoffwärme für Krafterzeugung und Fabrikationszwecke sowohl im Interesse der Wettbewerbsfähigkeit des einzelnen Unternehmens als auch im Interesse der Gesamtheit. Diesen Anforderungen ist deshalb noch nicht genügend entsprochen, weil die Vorteile der Zusammenfassung der Kraft- und Wärmewirtschaft und die Fortschritte der Wärmetechnik nicht allen Fabrikleitern genügend bekannt sind. Über die Größe des vorhandenen Wärmebedarfes bzw. der vorhandenen Abfallwärme herrscht vielfach aus Mangel ausreichender statistischer Unterlagen Unklarheit.

Es seien hier nur einige wenige Beispiele für Ersparnismöglichkeiten angeführt. Nach Prof. Tafel[2]) kann bei einer Martinstahlerzeugung von 4 Mill. t aus der Abhitze der Martinöfen eine Wärmemenge gewonnen werden, die der Ersparnis von 200 000 t Steinkohle entspricht. Nach Prof. E. Josse[3]) ist beabsichtigt die Brüdendämpfe der Brikettfabriken zur Kraftgewinnung in Niederdruckdampfturbinen nutzbar zu machen. Auch die in der Hochofenschlacke enthaltene Wärmemenge kann ausgenutzt werden. Unserer Friedens-Roheisenerzeugung von 19 Mill. t hat einer Schlackenmenge von 19—28 Mill. t entsprochen, aus der jährlich 300—500 Mill. kWh gewonnen werden könnten. Die Roheisenerzeugung wird allerdings in Zukunft infolge des Friedensvertrages bedeutend zurückgehen, doch werden immer noch beträchtliche Mengen elektrischer Arbeit aus der Schlacke herausgeholt werden können. Nach Gerbel[4]) haben selbst moderne mit Halbgasfeuerung versehene Öfen für Walzwerke nur eine Wärmeausnutzung von 15—20%; Glühöfen in Preß- und Hammerwerken nur einen Nutzeffekt von 8—10 %. Die Verwertung der Abfallwärme kann durch Abhitzekessel, durch Vorerwärmung des

---

1) Monatsblätter des Berliner Bezirksvereins Deutscher Ingenieure, 1918. Heft 5, S. 39.
2) Stahl und Eisen vom 23. 10. 1919.
3) Sparsame Wärmewirtschaft, Heft 1, S. 15.
4) Kraft und Wärmewirtschaft in der Industrie. S. 31. Berlin, Julius Springer, 1918.

Einsatzes und durch Vorerwärmung der Verbrennungsluft vor sich gehen.

Nach Dr. Ing. E. Reutlinger[1]) können bei Siemens-Martin-Öfen über 450 kg hochüberhitzter Dampf für die Tonne Stahl als Abfallerzeugnis gewonnen werden.

In den Oberschlesischen Zinkhütten betragen nach seiner Angabe bei nur etwa 20% Ausnutzung der Abgasewärme die erreichbaren Ersparnisse 800 000 t Kohle im Jahre.

Auch bei den Gasanstalten gehen durch die mit hoher Temperatur weggehenden Abgase sehr beträchtliche Wärmemengen verloren.

Daß aber auch oft ganz unnötigerweise Wärme verbraucht wird, hat Dr. Ing. E. Reutlinger[2]) an einem interessanten Falle gezeigt. Er gibt an, daß in der keramischen Industrie mit überwiegend unvollkommener Verbrennung auch bei Betriebsvorgängen, wo dies unnötig ist, gearbeitet wird. Bei den bekannten Kanalisations-Ton-Rohren wird ein tiefbrauner Hochglanz dadurch erzeugt, daß ständig mit qualmender Flamme und großem CO-Gehalt der Abgase gearbeitet wird. Da nun 1% CO-Gehalt bekanntlich 6% Kohlenmehraufwand gegenüber vollkommener Verbrennung bedeutet, so ergibt sich, daß man nur dem Farbcharakter zuliebe Kohlen verschwendet. Dabei muß man aber berücksichtigen, daß die Tonrohre in die Erde gelegt werden und nach Verarbeitung gar nicht mehr sichtbar sind.

Zur weitgehendsten Ausnutzung der Brennstoffe ist es notwendig einmal möglichst allen für Heiz-, Koch- und ähnliche Zwecke verbrauchten Dampf vorher zur Krafterzeugung auszunutzen, das andere Mal bei der Krafterzeugung die abfallende Wärme für Heizzwecke zu verwenden. Das ist aber nur durchführbar bei einer einheitlichen und großzügigen Kraft- und Wärmewirtschaft, bei der der „Wärmeingenieur" den vollen Einfluß erhalten muß. Nach Schultze[3]) müssen Kraftwerk und Heizwerk eine thermische Einheit von höchstem Gesamtwirkungsgrad bilden.

Es sei aber hier auch gleich darauf hingewiesen, daß bei der praktischen Ausführung dieser Aufgaben viel Schwierigkeiten zu

---

[1]) Kölner technische Blätter 1920, Heft 3, S. 13.
[2]) Kölner technische Blätter 1920, Heft 3, S. 8.
[3]) Sparsame Wärmewirtschaft, Heft 4, S. 27.

überwinden sind, und daß vielfach ganz neue Wege bezüglich des Zusammenarbeitens verschiedenartiger Anlagen zu begehen sind. Die Abfallenergie kann vielfach zweckmäßig nur in der Weise Verwendung finden, daß sie in vorhandene Elektrizitätsnetze hineingepumpt wird. Daraus ergeben sich aber für die Betriebsführung oft recht große Schwierigkeiten, und es wird nicht immer möglich sein, mit Rücksicht auf die Betriebssicherheit alle Wünsche befriedigen zu können. Andererseits werden aber auch die Elektrizitätswerke in Zukunft dieser Frage weitgehendstes Interesse entgegenbringen müssen. Es sei hier auch auf die Ausführungen von Steinmetz[1]) und von C. M. Garland[2]) über die Verhältnisse in Amerika hingewiesen

Dr. Ing. Reutlinger hat in seinem Vortrage[3]) über „Wärmewirtschaft der Städte" die Aufgaben wie folgt gekennzeichnet:

1. Abfallkraft — gewonnen aus der Vorstufe zu Heizdampf oder aus der Nachstufe von Abhitze und Abgas — ist innerhalb der Werke weitgehend an Stelle eigener Krafterzeugung oder an Stelle von Strombezug aus Zentralen ohne Abwärmeverwertung zu setzen. Die Überschußenergie ist an anzugliedernde oder örtlich günstig gelegene Kraftbetriebe abzugeben oder an die elektrischen Netze der Elektrizitätswerke und Überlandzentralen, die großzügig gekuppelt, durch die Aufnahme billiger Abfallkraft imstande sind, mit erheblich geringeren Eigenkohlenverbrauch Industrie, Landwirtschaft und Städte zu versorgen. Die ohne Kohlenaufwand in die Netze gespeiste Abfallenergie bringt bei umfassender Durchführung und günstigem Spitzenausgleich Millionen Tonnen Kohle in Wegfall, die jetzt für Kraftzwecke verbrannt werden. Darüber hinaus erleichtert sie möglicherweise auch die Elektrisierung der Bahnen, die Ansiedlung von Industrie auf dem flachen Lande und kann schließlich elektrisches Kochen und Heizen in den Bereich der Wirtschaftlichkeit ziehen.

2. Abfallwärme aus Maschinen und Feuerungen ist — unter Anpassung der Heizvorrichtungen — an Stelle von Frischdampf weitgehendst zu verwenden. Frischdampf für Heizung ist kohlenwirtschaftlicher Frevel! Überschußwärme ist möglichst zu speichern und durch Fernleitung in Heißwasser- oder Dampfform benach-

---

[1]) ETZ 1920, S. 400.
[2]) ETZ 1920, S. 535.
[3]) Sparsame Wärmewirtschaft, Heft 4, S. 40.

barten Verbrauchern oder angegliederten Betrieben zuzuführen. Hierher gehört auch das Gebiet der Städtebeheizung, der Trocknung unserer Futtermittel und Kartoffelschnitzel, der Boden- und Bäderbeheizung, wie es von Herrn Schulze behandelt wurde, kurz die Heizung ohne Kohlenkosten.

Die in vorstehendem erwähnte, von Herrn Schulze[1]) behandelte Bodenbeheizung wird in Zukunft vielleicht berufen sein, eine bedeutende Rolle hinsichtlich des Gemüsebaues und der Gartenwirtschaft zu spielen. Der Mehrertrag des geheizten Landes ist beträchtlich gewesen und außerdem zeitiger erfolgt. Auf ungeheiztem Lande erfolgte die Ernte 8 Tage später. Der Mehrertrag war bei: Blumenkohl $50\,^0/_0$, Kopfsalat $15\,^0/_0$, Schoten $60\,^0/_0$, Kohlrabi $40\,^0/_0$, Tomaten $36\,^0/_0$, Artischocken $90\,^0/_0$.

Im Versuchsjahre 1916 wurden auf derselben Fläche zwei Kartoffelernten erzielt. Nach Schulze dürfte die Bodenbeheizung vielleicht nach und nach einmal berufen sein, die unschönen Kühltürme zu ersetzen, und deren Rolle zu übernehmen; während diese wärmevernichtend wirken, wirkt die Bodenbeheizung wärmeerhaltend. Für landwirtschaftliche Betriebe wird dagegen die Bodenbeheizung kaum in Frage kommen.

Über die Heizzeit bei der Bodenbeheizung liegen schon von Schulze mir freundlichst zur Verfügung gestellte Erfahrungen der Versuchsanlagen an der Technischen Hochschule in Dresden vor. Das Anwärmen des Landes wurde Anfang Februar begonnen. und es dauerte etwa 14 Tage bis die über den Heizrohren liegende Landmasse so weit angewärmt war, daß gegenüber dem ungeheizten Lande eine mittlere Temperaturerhöhung von etwa 6^0 C vorhanden war. Die Heizung wurde dann fast den ganzen Sommer hindurch fortgesetzt, höchstens im Juli und August eingestellt, letzteres geschah aus Gründen der Wärmeersparnis. Weil in diesen Monaten wegen der Hochschulferien der Kraftbetrieb minimal ist, stand nicht immer Abwärme zur Verfügung, und wegen der bereits 1916 einsetzenden Kohlennot wurde der Betrieb lieber ganz eingestellt. Bei intensiver Bewirtschaftung der Felder unter noch mehr kaufmännischen Gesichtspunkten würde das Heizen auch in diesen Monaten Vorteile gebracht haben, es müssen nur die Kulturen dementsprechend ausgewählt und gepflegt werden. Günstig war dann das Heizen noch im September, indem gewisse

---

[1]) Sparsame Wärmewirtschaft, Heft 4, S. 50.

Sorten, die im ungeheizten Land nicht mit Sicherheit reifen, hier gereift sind, welche in unserem Klima sonst nicht zur Reife kommen. Es lag das daran, daß infolge früheren Aufgehens den Pflanzen eine längere Wachstums- und Entwicklungsperiode zur Verfügung stand. Über September hinaus bringt die unterirdische Heizung keinen Vorteil mehr, weil dann der andere, zur Pflanzenbildung ebenso wie die Wärme, notwendige Faktor, — das Sonnenlicht — nicht mehr genügend zur Verfügung steht.

Aus Vorstehendem geht hervor, daß die Bodenbeheizung während etwa 8 Monaten im Jahre Abwärme nutzbringend aufnehmen kann.

Die Rentabilität der Bodenbeheizung steht nach Schulze, da sie eine ganz intensive Bewirtschaftung des Bodens ermöglicht, außer jedem Zweifel. Von einer 1000 kW-Turbine aus könnte eine Fläche von etwa 300 × 300 m Land beheizt werden. Die Anlagekosten einer solchen Beheizung betrugen im Jahre 1916 einschließlich Einrichtung zur Warmwassersprengung für den qm 7,75 Mk. Schulze hat auch noch ein besonderes Verfahren zur Umkehrung des Heizwasserstromes angegeben und sich patentieren lassen.

Der Württembergische Revisions-Verein[1]) hat Richtlinien aufgestellt, die in sehr übersichtlicher Weise zeigen, welche Maßnahmen für eine gute Kraft- und Wärmewirtschaft zu empfehlen sind.

1. Betriebe, die während des ganzen Jahres nur Kraft benötigen, Wärme jedoch bloß zur Raumheizung während der kalten Jahreszeit, werden entweder dauernd die Kraft beziehen und Brennstoff nur für Winterheizung verbrauchen, oder sie werden während der Heizzeit die Heizwärme zuerst zur Krafterzeugung verwerten, wobei jedoch nur in dem Maße Kraft zu erzeugen sein wird, als Abwärme für Heizung verwertet werden kann, mit der ebenfalls keine Verschwendung getrieben werden darf.

2. Betriebe, die während des ganzen Jahres sowohl Kraft als auch Wärme zur Warenherstellung bedürfen, werden zweckmäßig nur soviel Kraft selbst erzeugen, als Abwärme verwertet werden kann, etwaiger Mehrbedarf an Kraft wird zu beziehen sein.

Betriebe, die während des ganzen Jahres viel mehr Wärme als Kraft zur Warenherstellung oder für Arbeitsmaschinen verbrauchen, müssen nach Möglichkeit den Waren- oder Arbeitsdampf nach oder gebotenenfalls auch vor seiner Verwendung

---

[1]) Zeitschr. d. Ver. Deutsch. Ingenieure 1920, S. 489.

in den betreffenden Einrichtungen zur Krafterzeugung ausnützen,
wobei die überschüssige Kraft als Abfallkraft denjenigen Betrieben
zuzuführen ist, die nur Kraft für ihre Erzeugnisse benötigen. Hierbei werden kleine und mittlere Dampfbetriebe, in denen Abfallkraft zu gewinnen ist, mit nahegelegenen Betrieben, die nur Be-
triebskraft benötigen, elektrisch zu verbinden sein, z. B. durch
Anschluß an das elektrische Ortsnetz. Große Dampfbetriebe mit
einem regelmäßigen erheblichen Gewinn an Abfallkraft werden
für deren Verwertung an das nächstgelegene größere Verteilungs-
netz anzuschließen sein.

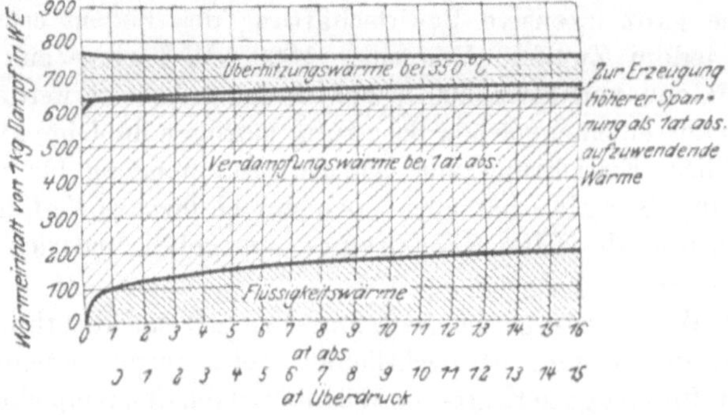

Abb. 22. Verteilung des Wärmeinhaltes von 1 kg Dampf bei verschiedenen
Spannungen und 350° C Überhitzung.

Bevor auf die Behandlung der Abdampfverwertung eingegangen
wird, seien hier noch einige allgemeine Fragen behandelt. In
Abb. 22 sind Angaben gemacht über die Verteilung [1]) des Wärmeinhaltes von 1 kg Dampf bei verschiedener Spannung und 350° C
Überhitzung. Daraus ist zu ersehen, daß durch eine außerordentliche geringe Zahl von Wärmeeinheiten Dampf von 1 Atm. auf
höheren Druck gebracht werden kann und dadurch zur Arbeits-
leitung befähigt wird. Des weiteren ist nachstehend eine von
Gerbel [2]) angegebene Zusammenstellung über Nutzenergie und
Abfallenergie im Dampfmaschinenbetriebe wiedergegeben.

[1]) Diese Abbildung ist entnommen den Richtlinien für die Erzielung
sparsamer Brennstoffwirtschaft bei Dampfkraftanlagen, herausgegeben von
der Hauptstelle für Wärmewirtschaft.
[2]) Kraft- und Wärmewirtschaft in der Industrie von M. Gerbel, 1918, S. 51.

Admissionsdampf-Spannung 12 Atm. abs.: Temperatur 280° C; Wärmeinhalt 720 Kal. pro kg.

			Nutzenergie (Leistung)			Abfallenergie (Abwärme)		
Maschinenart	Betriebsverhältnisse (Vakuum, Gegendruck)	Dampfverbrauch in kg pro PS-Std.	in PS-Std. pro kg Dampf	in Kalorien pro kg Dampf	in Prozent (Nutzeffekt)	in Kalorien pro kg Dampf	Träger der Abwärme	Temperaturniveau der Abwärme in C
1	2	3	4	5	6	7	8	9
Kondensationsmaschine	gutes Vakuum (0,05 Atm. abs.)	4	0,25	158	22	562	Wasser	39
Kondensationsmaschine	schlechtes Vakuum (0,3 Atm. abs.)	5,3	0,182	120	17	600	Wasser	70
Auspuffmaschine	1 Atm. abs. Gegendruck	7,0	0,143	90	12	630	Dampf (naß)	100
Gegendruckmaschine	2 Atm. abs. Gegendruck	8,3	0,125	70	10	650	Dampf (trocken)	120
Gegendruckmaschine	4 Atm. abs. Gegendruck	12,0	0,084	50	7	670	Dampf (überhitzt)	155

Auch die Schwierigkeiten mögen noch erwähnt werden, die oft dadurch entstehen, daß die überschüssige Wärme und die in anderen Betrieben unterbringbare Wärme sich nach Menge und nach Zeit nicht immer decken. Bei geringen Zeitdifferenzen kann durch Speicherung leicht ein Ausweg gefunden werden, und zwar kommen hier sowohl Wärmespeicher, als auch direkt Dampfspeicher, die schon seit Jahren vielfach in Verwendung sind und sich bewährt haben, in Frage. Die ersteren haben jedoch den Dampfspeichern gegenüber den Vorteil, daß sie ungefähr nur $^1/_{30}$ des Raumes einnehmen. Ferner können oft mit Vorteil Warmwasserspeicher angewendet werden, mit denen gleichfalls schon günstige Erfahrungen[1] vorliegen. Beispielsweise hat die technische Hochschule in Dresden einen solchen Wärmespeicher im Betrieb, der aus vier gut umhüllten Hohlbehältern mit je 8 cbm Wasserinhalt besteht. In ihnen lassen sich $2^1/_2$ Mill. Wärmeeinheiten speichern, die am nächsten Morgen zur Heizung verwendet werden. Häufig wird sogar über Sonntag gespeichert. Der Wirkungsgrad ist sehr hoch, da sich das Wasser über Nacht nur wenig abkühlt.

Eine weitere Schwierigkeit, die hier nur kurz erwähnt werden möge, besteht in der Messung der gelieferten Wärme. Es sind aber in neuerer Zeit Wärmemesser gebaut worden, die voraussichtlich in der Lage sein werden, den berechtigten Ansprüchen zu genügen.

Bei Heizanlagen[2] kann man annehmen, daß die jährliche Abfall-Energie-Menge auf 1000 t Kohlenverbrauch sich ungefähr zu 400 000 kWh stellt.

Von den Industriezweigen, die Dampf bzw. Wärme in erheblichem Umfange verbrauchen, seien hier einige genannt. Es sind dies: Brauereien, Papierfabriken, Zuckerfabriken, *Textilfabriken*, Färbereien, Wäschereien, Chemische Fabriken, *Gummifabriken*, Kerzenfabriken, Seifenfabriken, Leimfabriken, Sprengstoffabriken, Nahrungs- und Genußmittelfabriken.

Über die Abdampfverwertung ist in den letzten Jahren eine umfangreiche Literatur entstanden. In einer großen Zahl von Aufsätzen in den verschiedenen technischen Zeitschriften und in mehreren Büchern ist diese äußerst wichtige Angelegenheit sehr eingehend behandelt worden, und zwar schon vor dem Kriege, also bevor eine Kohlennot in Deutschland vorhanden war. Damals wurde die Behandlung wesentlich durch die Konkurrenz zwischen

---

[1]) Sparsame Wärmewirtschaft, Heft 4, S. 31.
[2]) Sparsame Wärmewirtschaft, Heft 4, S. 63 von Dr. Ing. E. Reutlinger.

den Dampfkraftmaschinen und den Verbrennungskraftmaschinen
veranlaßt. Die jetzige Kohlennot hat aber der Bewegung einen
kräftigen Anstoß gegeben, und sie wird jetzt von allen Seiten
aufgenommen und gefördert. Es ist zu hoffen, daß dadurch recht

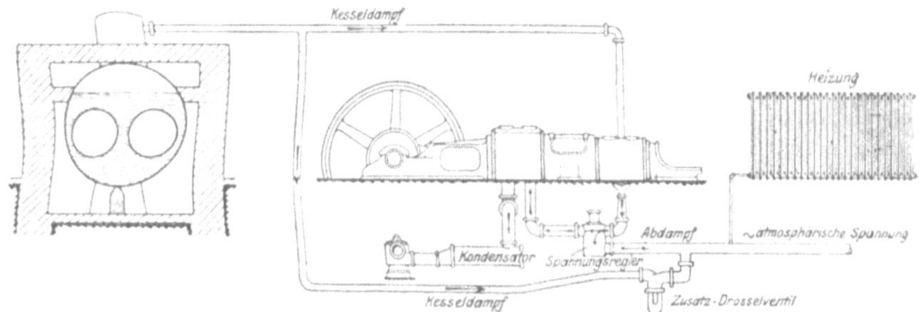

Abb. 23. Anzapf-Kolbenmaschine mit Anschluß einer Heizungsanlage.

bald wesentliche Erfolge erzielt werden können. F. L. Richter
hat in der ETZ. [1]) an Hand der Mitteilung Nr. 27 „Abdampf und
Zwischendampf-Verwertung der Maschinenfabrik Augsburg-Nürn-
berg A.-G." einen Bericht gegeben, in dem die wichtigsten Systeme

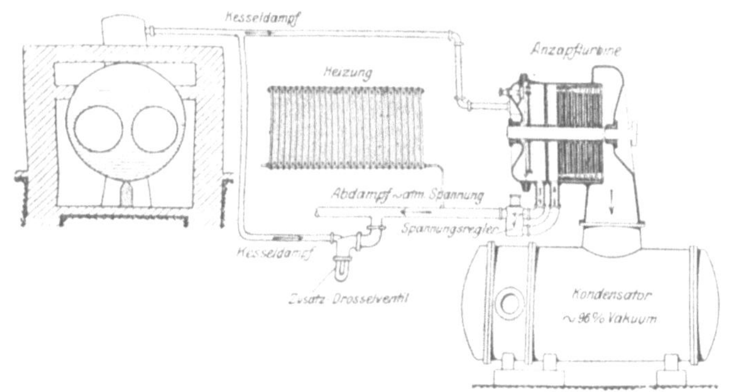

Abb. 24. Anzapfturbine mit Anschluß einer Heizungsanlage.

schematisch dargestellt sind und es seien diese nachfolgend kurz
behandelt. Abb. 23 stellt eine Kolbenmaschine dar mit Zwischen-
dampfentnahme für Heizzwecke. Während Abb. 24 das Schema
einer gleichen Anlage mit Turbine wiedergibt. Abb. 25 zeigt die

[1]) 1913, S. 714.

Wärmeverteilung bei Anwendung einer Kolbendampfmaschine mit
Abdampfturbine, während Abb. 26 die schematische Darstellung

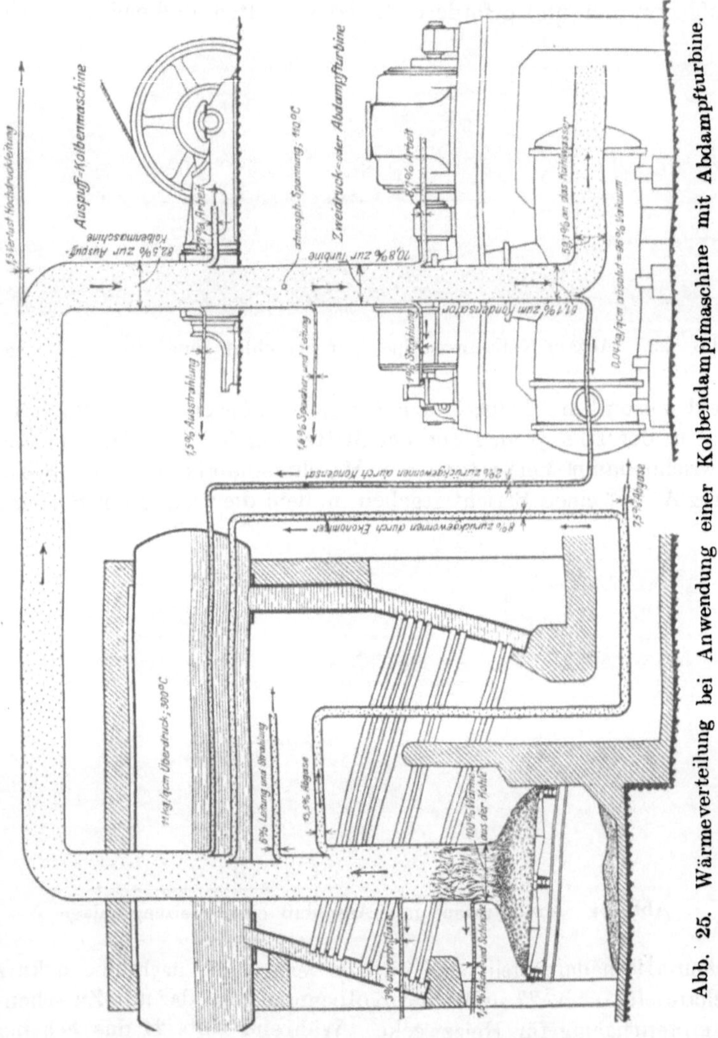

Abb. 25. Wärmeverteilung bei Anwendung einer Kolbendampfmaschine mit Abdampfturbine.

einer Zweidruckturbine mit zwischen Kolbenmaschine und Turbine geschaltetem Dampfspeicher wiedergibt. Die Abb. 27 und 28

zeigen noch die Wärmeverteilung bei getrennter Dampferzeugung für Kraft- und Heizanlage und bei Vereinigung derselben.

Ein neues Verfahren zur Ausnutzung der Abdampfwärme von Dampfturbinen haben die Professoren Josse und Gensecke ausgearbeitet [1]). Das Verfahren geht darauf aus, die selbst bei sehr dichten Anlagen nicht unter 5%, aber auch bis zu 10% betragenden Verluste an Kondensat bei Oberflächenkondensationen, die durch Zusatzspeisewasser gedeckt werden müssen, ohne Benutzung von Speisewasserreinigern in Verdampfern zu erzeugen, die durch die Wärme des Abdampfes betrieben werden. Damit hierdurch in der Dampfturbine kein Gegendruck erzeugt wird, muß der Ver-

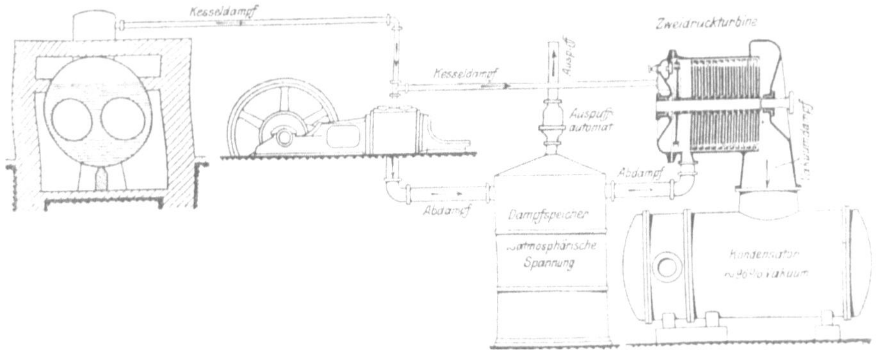

Abb. 26. Schematische Darstellung der Anordnung einer Zweidruckturbine.

dampfer mit niedrigerem Druck und niedrigerer Temperatur arbeiten als der Kondensator selbst. Er wird daher an einen Hilfskondensator angeschlossen, den das gesamte Kühlwasser durchströmt, bevor es zum Hauptkondensator gelangt.

Gerbel hat in seinem Buche: „Kraft und Wärmewirtschaft in der Industrie [2]) eine ausführliche Tabelle über Energiebedarf und Abfallenergie verschiedener Industriezweige gegeben, in der er Angaben macht, wieviel bei den verschiedenen Betrieben an Abfallwärme bzw. Abfallkraft verfügbar ist. Hier mögen daraus nur die Industriezweige aufgeführt sein, so daß ersichtlich ist, ob Abfallwärme oder Abfallkraft verfügbar ist.

---

[1]) Zeitschrift des Vereins Deutscher Ingenieure, 1919, S. 369.
[2]) Verlag von Julius Springer, 1918, S. 72.

I. Abfallwärme verfügbar:

Aluminium	Spinnerei
Luftsalpeter	Elektrizität
Wasserstoff	Walzeisen (Flacheisen, Draht)
Kalkstickstoff	Eis
Kalziumkarbid	Zement

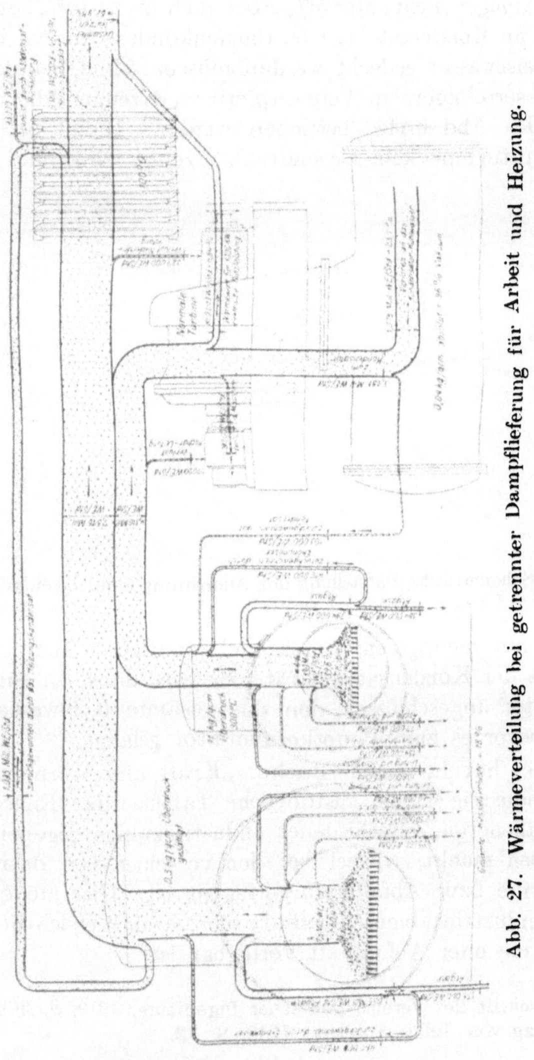

Abb. 27. Wärmeverteilung bei getrennter Dampflieferung für Arbeit und Heizung.

Sauerstoff (Luftdestillation)   Weizenmühle
Holzstoff

II. Keine oder wenig Abfallenergie verfügbar:

Bier   Kartoffelstärke
Papier   Zellulose
Weberei   Leder

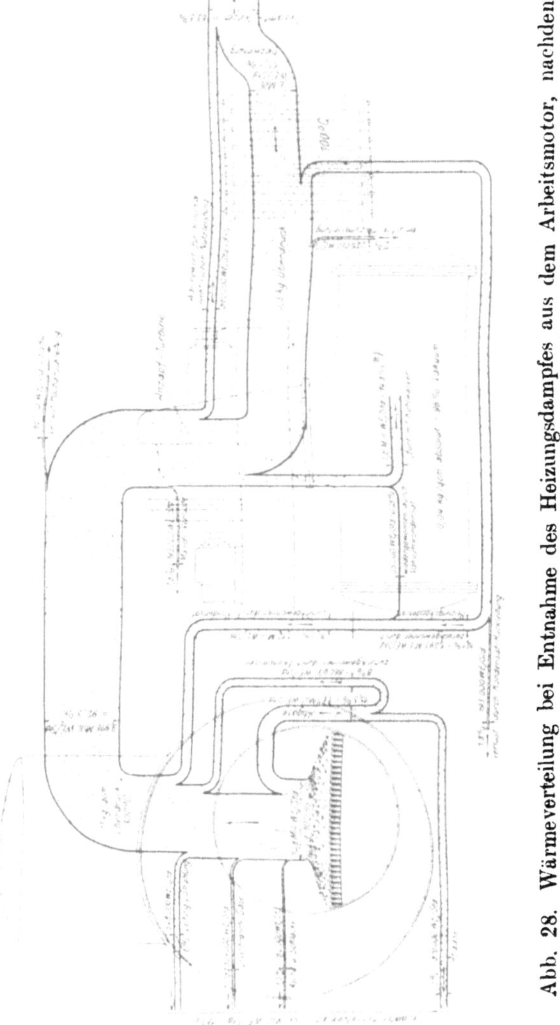

Abb. 28. Wärmeverteilung bei Entnahme des Heizungsdampfes aus dem Arbeitsmotor, nachdem er hier bereits Arbeit verrichtet hat.

III. Abfallkraft verfügbar:

Kunstseide	Färberei
Preßhefe (Lüftungsverfahren)	Spiritus (Dickmaischverfahren)
Zucker	Seife
Wäscherei	Badeanstalten
Leim	Zentralheizungen.
Kartoffelsirup	

Daraus ersieht man, in welcher Weise zweckmäßig Betriebe zu vereinigen sind, um eine gute Kraft- und Wärmewirtschaft zu erzielen und daß z. B. Elektrizitätswerke und Heizanlagen sowie Badeanstalten mit Vorteil zu verbinden sind.

Daß durch die Nutzbarmachung von Abfallwärme große Erfolge erzielt werden können, geht daraus hervor, daß Anlagen schon mehrfach dahin verbessert worden sind, daß eine Nutzbarmachung der gesamten Wärme bis zu 80% erreicht worden ist. Beispielsweise sei hier noch auf die äußerst interessante Ausnutzung verdichteter Abdämpfe von Kochern des Ing. E. Wirth [1]) hingewiesen, durch die aus dem Schwadenabdampf industrieller Anlagen usw. beträchtliche Wärmemengen nutzbar gemacht werden können. Nach M. Gerke [2]) kann die „Wärmepumpe" auch angewendet werden zur Vorwärmung des Speisewassers auf Siedetemperatur. Die dadurch erzielbare Wärmeersparnis soll etwa 8% betragen.

Dr.-Ing. E. Reutlinger [3]) schätzt die erzielbaren Ersparnisse an Kohle wie folgt:

Durch Abdampfverwertung und Ausnutzung der Überschuß-
Energie . . . . 10 Mill. t
Durch Verwertung der Abhitze . . . . 3 „ t
Durch Abgasverwertung bei Gasmaschinen . . . . 0,1 „ t

Man sieht also, daß allein aus den ebengenannten Anwendungsgebieten etwa 13 Mill. t Kohlen erspart werden können. Rechnet man dazu noch die anderen vorstehend erwähnten Möglichkeiten zur Erzielung von Ersparnissen, von denen die weitgehendste Verwendung der Wasserkraft die bedeutendste ist, so ergeben sich noch weitere beträchtliche Kohlenmengen, die in Wegfall kommen könnten.

Die Abgase von Gasmotoren wurden bisher meistens zur Wasser- oder Lufterhitzung oder zur Trocknung benutzt. In neuerer Zeit werden sie aber auch dazu benutzt, um das mit $40-70^0$ abfließende

---

[1]) Zeitschrift des Vereins Deutscher Ingenieure, 1919, S. 1074.
[2]) ETZ 1920, S. 603.
[3]) Kölner technische Blätter, 1920, Heft 3, S. 6.

Kühlwasser in Dampf zu verwandeln. Durch sinnreiche Hintereinanderschaltung [1]) von Vorwärmer, Röhrenkessel und Überhitzer mit Auspuffgasen von 400—700° Temperatur ist es gelungen, überhitzten Dampf zu erzeugen und die Abgase auf 150—200° herunter zu kühlen. Diese Anwendung kommt hauptsächlich bei großen Gasmaschinen in Frage.

Eine andere Verwertung der Abwärme bei Gasmaschinen ist von den Ford-Werken durchgeführt worden, und es wurde dabei eine Wärmeausnutzung · von über 72 % erzielt. Diese Gas-Dampf-Kraftanlage [2]) dient zum Betrieb einer 400 kW-Dynamo und ist dadurch gekenzeichnet, daß die Kühlwasserwärme der Gasmaschine für die Dampferzeugung und die Auspuffgaswärme für die Heizung der Dampfzylinder verwertet wird. Daraus ergibt sich die hohe Ausnutzung des Brennstoffes.

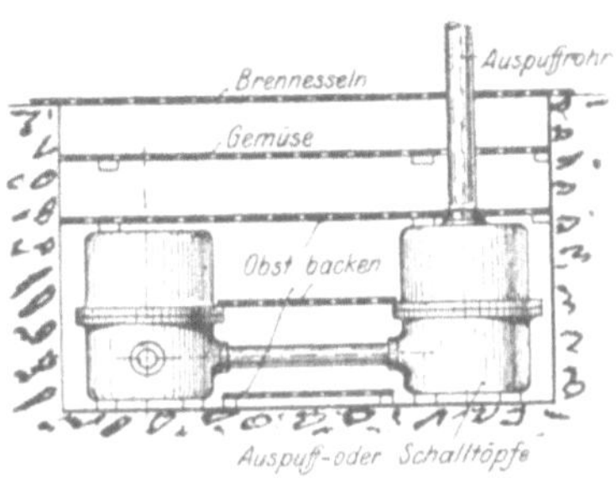

Abb. 29. Trocknungsanlage für Gemüse, Obst und Brennesseln im Elektrizitätswerk Zeitz.

Bei der Verwendung der Abgase von Gasmaschinen ist jedoch zu beachten, daß sie häufig schweflige Säure enthalten und dadurch Anfressungen an Kesseln usw. hervorrufen, wenn sie zu weit herunter abgekühlt werden. Man verwendet sie daher vielfach für Trocknungszwecke, wie dies in Abb. 29 dargestellt ist [3]). Sie zeigt eine in die Auspuffgrube eingebaute Trockenanlage für Obst, Gemüse und Brennesseln. Die aufzunehmende Menge ist je nach Betriebsdauer der Gasmotoren und deren Belastung bis 300 kg Obst und 200 kg Brennesseln.

In ähnlicher Weise werden auch bei Dieselmotoren die Abgase für Trockenzwecke verwendet. Abb. 30 zeigt schematisch eine solche von Gebr. Sulzer ausgeführte Anlage [4]). Durch geeignete

---

[1]) Dr. Ing. E. Reutlinger, Die Abwärme und ihre Bedeutung in der kommenden Wärmewirtschaft. Kölner technische Blätter 1920, Heft 3, S. 12.

[2]) Power, Bd. 51, S. 532.

[3]) ETZ 1918, S. 120.

[4]) Zeitschrift des Vereins Deutscher Ingenieure, 1910, S. 678.

Klappenstellungen kann man mit Abluft oder mit Umluft oder auch teilweise mit Umluft und Abluft arbeiten.

Wie schon oben erwähnt, ist es wichtig bei den industriellen Heizvorrichtungen die höchste Ausnutzung der Wärme anzustreben und sie gegenüber ihrer jetzigen Wirkung nicht unerheblich zu verbessern. Das trifft zum Teil auch bei den Kesselfeuerungen zu. Besonders zu beachten ist aber noch, daß der Ausbildung von Heizern Aufmerksamkeit zugewendet werden muß, um Brennstoffersparnis zu erzielen. Das hat man zwar schon lange erkannt,

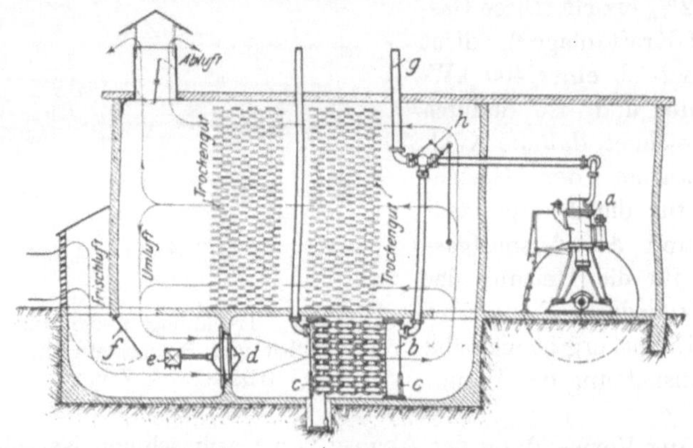

a = Dieselmotor, b = Abgasverwerter, bestehend aus Rippenrohren, c = Putztüren, d = Ventilator, e = Elektromotor, f = Umschaltkappe, g = unmittelbarer Auspuff nach dem Auspufftopf, h = zwangsläufig verbundene Umschaltklappe.

Abb. 30. Schematischer Plan einer Dieselmotoren-Abgaseverwertungsanlage für Trockenzwecke.

aber trotzdem ist noch viel durch Verbesserung der Ausbildung der Heizer zu erreichen. Besonders wichtig ist dies insofern, als auf diesem Wege eine große Ersparnis an Brennstoff erzielt werden kann, ohne Aufwendung erheblicher Mittel und in verhältnismäßig sehr kurzer Zeit. Deswegen sollte man besonders diese Möglichkeit der Kohlenersparnis im Auge behalten.

Den Feuerungen mit Kohlenstaub [1]) sollte mehr Aufmerksamkeit zugewendet werden. Obwohl sie anfänglich von Deutschland ausgegangen sind, haben sie sich zunächst in Amerika entwickelt und dort in letzter Zeit guten Eingang gefunden, da eine beträchtliche Ersparnis an Brennmaterial durch sie erzielt werden kann.

---

[1]) Siehe auch ETZ 1920, S. 473 und 563, sowie E. u. M. 1920, S. 332.

Nachdem die Kohle zerkleinert ist, werden durch Magnete die Metallteile entfernt und dann wird die Kohle getrocknet. Nach Versuchen in Amerika [1]) hat diese Kohlenstaubfeuerung einen höheren Wirkungsgrad ergeben als andere neuzeitliche Feuerungen.

Auch in England sind mit der Kohlenstaubfeuerung gute Erfolge erzielt worden, und zwar von Bettington [2]), jedoch ist es auch dort noch nicht zu einer Einführung in größerem Maßstabe gekommen.

Beim Einladen, beim Hin- und Hertransportieren der Kohle vom Waggon bis zur Verbrauchsstelle muß sparsam und aufmerksam mit dem jetzt so kostbaren Gute umgegangen werden. Es können dadurch nicht unerhebliche Verluste [3]) vermieden werden.

In Hüttenwerken und anderen rauhen Betrieben enthalten nach Dr. Ing. E. Reutlinger [4]) die Herdrückstände gewöhnlich noch sehr viele brennbare Bestandteile. Er konnte bei einer Prüfung bei einem Hüttenwerk über $25\,^0/_0$ Kohle und Koks in den Herdrückständen feststellen. Die Aufbereitung dieser Asche durch Wäsche oder magnetische Sonderung ist für große Betriebe heute lohnend.

Dem Magnet-Werk Eisenach ist es gelungen die Rückstände der *Lokomotiven* in Koks und Schlacke zu scheiden unter Ausnutzung der schwach-magnetischen Eigenschaften der Schlacke. Es wurde so aus dem Abfall $50\,^0/_0$ guter Koks gewonnen.

Durch sachgemäße Betriebskontrolle wird es vielfach möglich sein, Ersparnisse an Brennstoff zu erzielen. Diesbezüglich sei auf den Vortrag von Quack über „Betriebskontrolle in Dampfkraftanlagen" im Heft 3 der Sammlung „Sparsame Wärmewirtschaft" hingewiesen.

Die elektrischen Kraftwerke sowohl wie alle anderen industriellen Kraftanlagen haben in den letzten Jahren einen wesentlich höheren Kohlenverbrauch gehabt und haben ihn auch jetzt noch dadurch, daß ihnen infolge der großen Knappheit an Kohle nicht mehr die richtige, d. h. zweckmäßigste Kohlensorte zugewiesen werden konnte, auf die sie eingerichtet sind. Vielfach sind Anlagen, die für Nußkohle gebaut worden sind, mit Förderkohle oder Stückkohle, mit Briketts oder sogar mit Roh-Braunkohle oder mit minderwertigem Brennstoff beliefert worden, so daß naturgemäß der

---

[1]) Power, 1920, S. 354.
[2]) ETZ 1920, S. 563 und E. u. M. 1920, S. 332.
[3]) Nachrichten Hanomag, 1920, S. 1.
[4]) Kölner technische Blätter, 1920, Heft 3, S. 13.

Wirkungsgrad der Feuerung ein niedrigerer ist. Dieser Übelstand mußte notgedrungen in Kauf genommen werden. Es ist aber wichtig, daß er so schnell wie nur irgend möglich beseitigt wird, denn dadurch allein würde es möglich sein, sofort eine große Kohlenersparnis zu erzielen, weil dann entsprechend mehr aus der zur Verfügung stehenden Kohle herausgeholt werden könnte. Andererseits wird es aber auch zweckmäßig sein, wenn sich möglichst viel Anlagen, die auf hochwertige Sorten eingerichtet sind, der Lage anpassen und entsprechende Änderungen vornehmen. Es ist deshalb dringend erforderlich, daß diejenigen Werke und Einzelanlagen, welche bisher nur Nußkohlen zu verfeuern imstande waren, sich auf die Verfeuerung oder wenigstens auf die Mitverwendung eines anderen

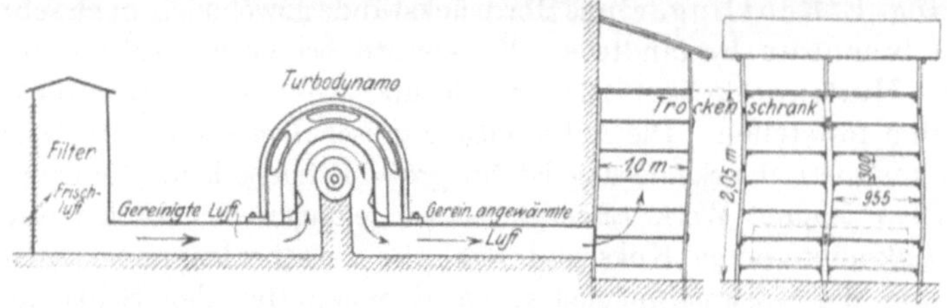

Abb. 31. Trocknungsanlage des Elektrizitätswerkes Duisburg.

Brennmaterials einrichten; dies kann geschehen durch Umbau der Feuerungen, Einbauen von Unterwindfeuerung, Aufstellung von Kohlenbrechern usw.

Durch weitgehendste Ausnutzung der in den Abgasen der Kessel enthaltenen Wärme, des Abdampfes der Speisepumpen und anderer Hilfsmaschinen, des Abblasewassers der Kessel und des Kühlwassers der Kondensatoren muß die Wärmeausnutzung tunlichst gehoben werden. Hierüber hat Klingenberg[1]) sich kürzlich eingehend geäußert, so daß auf seine Arbeit hier nur hingewiesen werden braucht. Des weiteren beachte man die Arbeit von M. Gerke, ETZ 1920, S. 601 über die Abwärmeverwertung bei Dampfkraftwerken.

Auch die Abwärme der Generatoren kann mit Erfolg zum Trocknen von Gemüse, Obst und ähnlichen Produkten verwendet werden. Solche Anlagen sind z. B. in Stuttgart[2]), Duisburg[3]),

[1]) ETZ 1920, S. 561 und E. u. M. 1920, S. 329.
[2]) Elektrische Kraftbetriebe und Bahnen, 1918, Heft 12.
[3]) ETZ 1917, S. 478.

Zeitz[1]). Wiesmoor und anderen Werken mit Erfolg ausgeführt
worden.

Abb. 31 zeigt die Anordnung der Gemüse- und Obsttrocknungs-
anlage des Elektrizitätswerkes der Stadt Duisburg[2]). An der
Stelle, an der die Luft aus der Turbo-Dynamo früher ins Freie
trat, ist ein eiserner Schrank vorgebaut worden, welcher mehrere
Drahtnetzhorden besitzt. Der Luftstrom läßt sich durch Öffnen
oder Schließen der verschiedenen Kanäle regeln. In etwa 4 bis
5 Stunden läßt sich mit dieser Anlage für den Quadratmeter
10 kg Gemüse trocknen.

Abb. 32 gibt die Trocknungsanlage des Elektrizitätswerkes
der Stadt Zeitz[3]) wieder. Sie ist angeschlossen an eine Turbo-

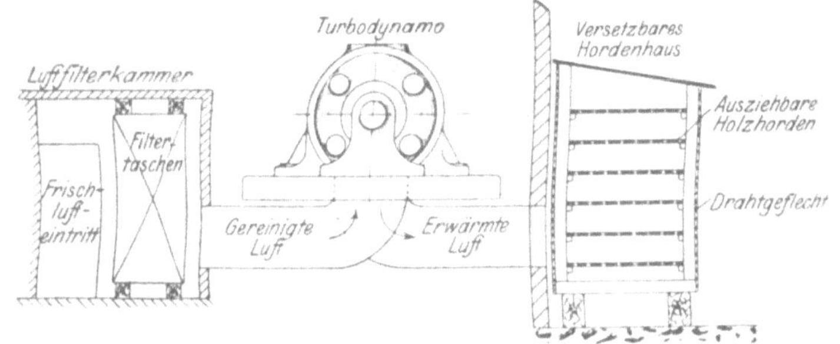

Abb. 32. Trocknungsanlage des Elektrizitätswerkes Zeitz.

Dynamo von 1000 kW. Auch die Verbindung von Elektrizitätswerken mit Badeanstalten, wie dies z. B. in Stuttgart, München
und vielen anderen Orten schon geschehen ist, führt zu großen
Erfolgen hinsichtlich einer guten Wärmewirtschaft.

Bei Erweiterungen bzw. Neubauten von Werken würden gegebenenfalls durch höhere Dampftemperatur, höheren Dampf-
druck, Verbesserungen im Bau der Kesselanlagen eine bessere
Wärmeausnutzung[4]) zu erzielen sein. Klingenberg empfiehlt
mit der Dampftemperatur nicht über 350° zu gehen. Bezüglich
des Dampfdruckes hält er es für das Richtigste, zunächst nur
bis zu 20 Atm. an den Turbinen zu gehen, da eine weitere Er-

---

[1]) ETZ 1918, S. 120.
[2]) ETZ 1917, S. 478.
[3]) ETZ 1918, S. 120.
[4]) ETZ 1920, S. 562 und E. u. M. 1920, S. 331.

höhung zwar noch eine geringe Steigerung der Wärmeausnutzung gibt, aber wirtschaftlich nicht zu rechtfertigen ist. Welche Einwirkung die Steigerung des Dampfdruckes auf die Wärmeausnutzung hat, geht aus folgenden Zahlen hervor. Für Kühlwasser von 15° C, eine Dampftemperatur von 350° C am Eintrittsventil in die Turbine gemessen, beträgt für eine Leistung der Turbodynamo von 15 000 kW und $n = 3000$ der Wärmeverbrauch für 1 kWh bei

at	15	20	25	30
rd	3580	3480	3430	3390
%	100	97	95,8	94,1

Bei den elektrischen Kraftwerken liegt die Möglichkeit zur Erzielung von Ersparnissen an Brennstoff dadurch vor, daß die Belastung des Kraftwerkes eine möglichst gleichmäßige ist. Es muß darauf gesehen werden, die „Spitzen" der Belastung möglichst zu vermeiden, und versucht werden, die Nachtbelastung zu heben, um auf diese Weise den unwirtschaftlichen Betrieb während der Nacht zu verbessern. Leider stehen dem noch große Schwierigkeiten entgegen, da, wie schon vorstehend erwähnt, die Arbeiter nur sehr ungern Nachtschichten leisten. Die Berechtigung hierzu ist in vielen Fällen anzuerkennen, besonders unter den jetzt und noch für längere Zeit herrschenden schlechten Ernährungsverhältnissen. Vom Standpunkte der Kohlenwirtschaft aus ist es aber von allergrößter Bedeutung, daß Industrieen, die mit einer geringen Anzahl von Arbeitskräften viel Kraft verbrauchen, dies tunlichst in den Zeiten tun, in denen sonst der Kraftverbrauch gering ist. Um auf diese Weise einen Ausgleich zu schaffen, muß eben einer kleinen Zahl von Arbeitern die Unannehmlichkeit der Nachtschicht auferlegt werden.

Wie schon eben angegeben, ist der Widerstand, der der Durchführung der Nachtarbeit entgegengesetzt wird, zum großen Teil berechtigt, und es ist daher notwendig, Nachtschichten nur dort einzuführen, wo es unbedingt notwendig ist und ein erheblicher Erfolg erzielt wird. Die Ernährung macht fraglos bedeutende Schwierigkeiten, was gerade jetzt und in den nächsten Jahren besonders ins Gewicht fällt. Außerdem ist der Schlaf in den Tagesstunden vielfach ungenügend, da dann nicht die Ruhe in der Wohnung des Arbeiters in dem Maße zu erzielen ist, wie sie nachts vorhanden ist. Eine weitere Schwierigkeit ergibt sich auch noch bei der Durchführung von Nachtschichten, da in der gleichen Schicht auch Frauen und Jugendliche beschäftigt sind, die aber der Anstrengung der Nachtarbeit nicht gewachsen sind. Überhaupt ist der Erfolg der Nachtarbeit ein wesentlich schlechterer als der bei der Arbeit am Tage, und es kann wohl angenommen werden, daß er nur ungefähr halb so groß ist gegenüber der Tagesarbeit. Dies kommt allerdings zum Teil daher, daß die Arbeiter der Nachtschicht sich am Tage nicht entsprechend Ruhezeit gönnen, sondern andere Arbeiten während des Tages ausführen, und dann natürlich während der Nachtschicht müde und schläfrig sind.

In Frankreich, wo die Kohlenschwierigkeiten gleichfalls bedeutend sind, scheint die Durchführung der Nachtarbeit weniger Schwierigkeiten zu machen. Die Pariser Industriellen haben die Einrichtung getroffen, daß die eine Hälfte der Fabriken während 2 Wochen am Tage und die andere Hälfte nachts arbeitet und während der nächsten 2 Wochen umgekehrt.

Wo eine gute Ausnutzung der Maschinen und Kessel bei Nacht nicht zu erreichen ist, wird sich oft durch Kupplungsleitungen eine Verbesserung erzielen lassen. Man erreicht damit, daß da, wo sonst mehrere Werke laufen, nur ein Werk in Betrieb ist und dies an die mit ihm durch Leitungen verbundenen anderen Werke Strom abgibt. Durch solche Ausgleichleitungen kann eine beträchtliche Kohlenersparnis erzielt werden. Zu beachten ist dabei allerdings, daß solche Kupplungsleitungen nur dann wirtschaftlich sind, wenn beträchtliche Arbeitsmengen durch sie geleitet werden. Bei geringer Benutzungsdauer wird ihre Errichtung meist nicht möglich sein.

Es ist vielfach versucht worden, durch elektrochemische Betriebe, die eine Unterbrechung zulassen, die Zeit schwächerer Belastung auszufüllen. Dabei hat sich aber in den meisten Fällen ergeben, daß dann die elektrochemischen Betriebe entsprechend ungünstiger arbeiten, denn für sie tritt ja dann das ein, was man bei den Elektrizitätswerken vermeiden will, nämlich der ungleichmäßige Betrieb. Es werden sich aber mit der Zeit auch noch Verfahren finden lassen, bei denen die Unterbrechung auch wirtschaftlich durchführbar ist.

Günstiger liegen die Verhältnisse bei Verwendung der Abfallarbeit für Beheizung und Warmwasserbereitung, wie dies oben anläßlich der Ausnutzung der Wasserkräfte zu allen Stunden des Tages bereits behandelt worden ist. Auch der Betrieb von elektrischen Dampfkesseln, von Wärmespeichern, die Trocknung und

Konservierung von Holz [1]) und ähnliche Verfahren wären hier zu nennen.

Für die elektrische Holztrocknung ist von A. Nodon ein Verfahren angegeben worden, das bereits in Frankreich erprobt ist. Es bezweckt eine schnelle, der natürlichen Lufttrocknung gleichwertige Beseitigung der Feuchtigkeit aus dem Holze. Ein solches Verfahren ist jetzt gerade von besonderer Bedeutung, da ja trockenes Holz überhaupt nicht vorhanden ist und das bisherige Verfahren der Lufttrocknung viel zu lange in Anspruch nimmt. Das andere bisher übliche Verfahren zur Trocknung von Holz in Trockenkammern durch Zuführung von Wärme scheitert jetzt

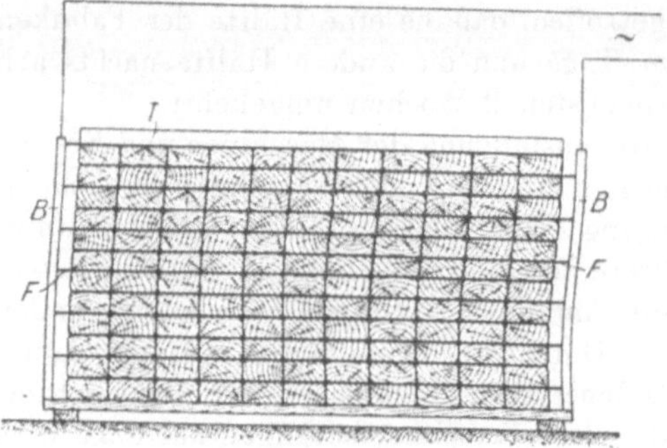

Abb. 33. Verfahren zur Holztrocknung nach Nodon.

auch vielfach an dem Mangel an Brennstoffen, und es ergibt außerdem kein so gutes Material. Das Nodonverfahren soll dagegen den Vorzug der Schnelligkeit haben und trotzdem ein Holz liefern, das dem luftgetrockneten mindestens gleichwertig ist. Dies ist darauf zurückzuführen, daß die Einwirkung des Stromes eine chemische, eine physikalische und eine aseptische ist.

Das Verfahren besteht darin, daß die Hölzer in Lagen geschichtet werden, wobei zwischen je 2 Lagen widerstandsfähige Gewebe mit eingebetteten galvanisierten Eisendrähten angeordnet sind. Die Anordnung der Gewebe ist aus Abb. 33 zu ersehen. Zur Trocknung wird Wechselstrom von 40 bis 120 Volt verwendet. Es kann auch Gleichstrom verwendet

---

[1]) ETZ 1915, S. 601.

werden, jedoch muß dann von Zeit zu Zeit die Polarität gewechselt werden, damit die Elektroden nicht elektrolytisch angegriffen werden.

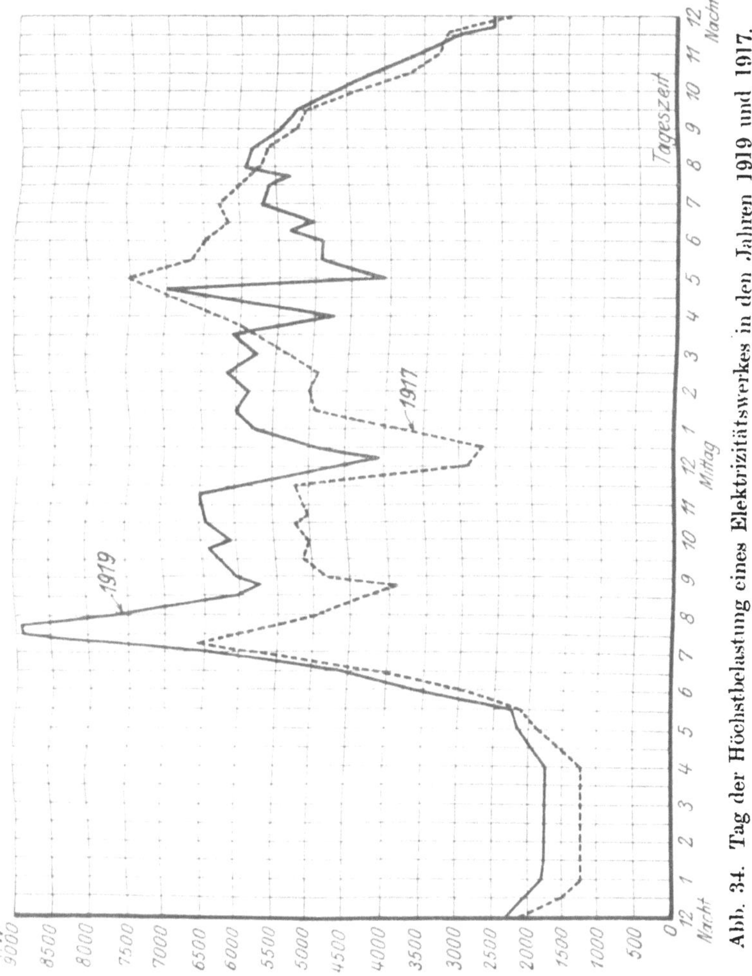

Abb. 34. Tag der Höchstbelastung eines Elektrizitätswerkes in den Jahren 1919 und 1917.

Das Verfahren hat den Vorzug, daß es überall, auch im Walde, angewendet werden kann. Die zweckmäßigste Stromdichte beträgt 4—5 A/m² bei Hölzern für feinere Zwecke; bei gröberen Hölzern kann man bis zu 10 A/m² gehen. Die Behandlungsdauer ist 1—2 Tage, je nach dem Feuchtigkeitsgehalt und dem Verwendungszweck des Holzes. Für 1 cbm Holz sind ungefähr 150 Ah und ungefähr 3—6 kWh erforderlich.

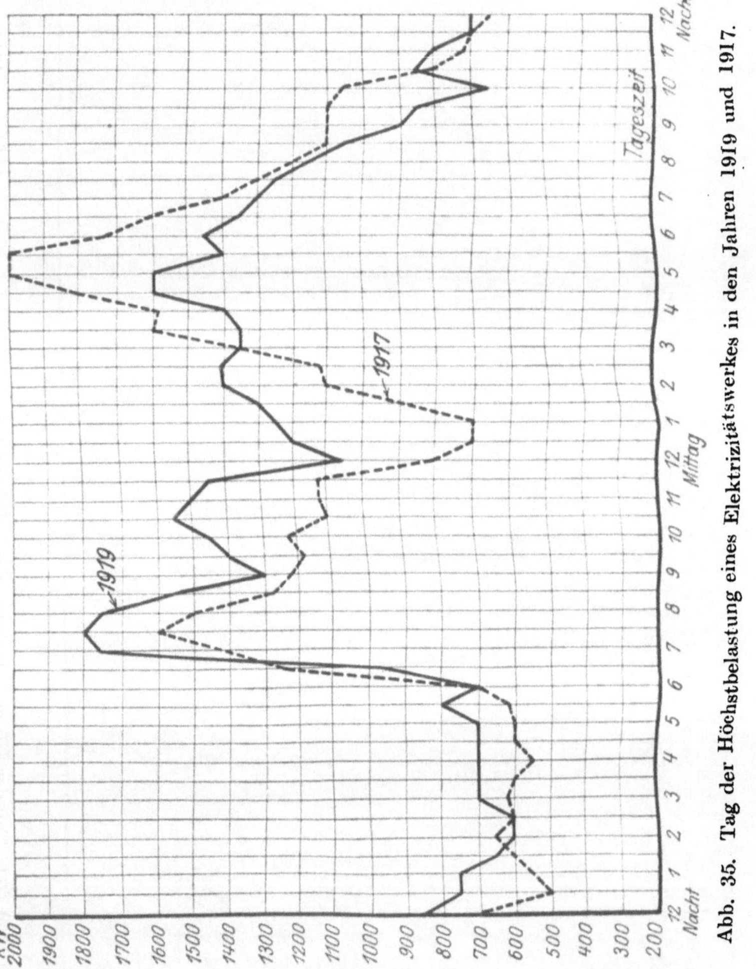

Abb. 35. Tag der Höchstbelastung eines Elektrizitätswerkes in den Jahren 1919 und 1917.

Wie schon vorstehend erwähnt, ist es wichtig die „Spitzen" zu·vermeiden. Das wird in Zukunft, soweit die Abendspitze in Frage kommt, bei Werken mit nennenswertem Kraftbetrieb eintreten, da durch die Einführung der achtstündigen Arbeitszeit die Kraftbelastung schon nachläßt oder völlig verschwindet, wenn die Lichtbelastung einsetzt, und zwar selbst in den dunkelsten Tagen. (Die Fabrikbetriebe schließen jetzt schon meist zwischen $^1/_2 4$ und $^1/_2 5$ Uhr.) Schwieriger ist in manchen Fällen die Vermeidung der „Morgenspitze“, da ja der frühe Schluß am Nachmittag nur möglich ist durch einen frühzeitigen Anfang am Vormittag Wenn es aber gelingt einen Teil der Fabriker dazu zu bewegen, etwas später zu beginnen, so daß sie erst gegen 5 Uhr schließen, dann wird die „Abendspitze“ sich noch nicht aus bilden und die „Morgenspitze“, wenn nicht ganz vermieden, so doch stark herabgesetzt werder können. Die Verminderung der „Morgenspitze“ ist für die nächste Zeit von großer Bedeutung. In den Abb. 34 und 35 sind Belastungskurven zweier städtischer Werke wiedergegeben, aus denen die Veränderung im Dezember 1919 gegenüber 1917 zu ersehen ist. Aus beiden Abbildungen ist gleichmäßig zu ersehen, daß die Belastung am Nachmittage im Jahre 1919 im Verhältnis zum Jahre 1917 gesunken, während sie am Vormittag gestiegen ist.

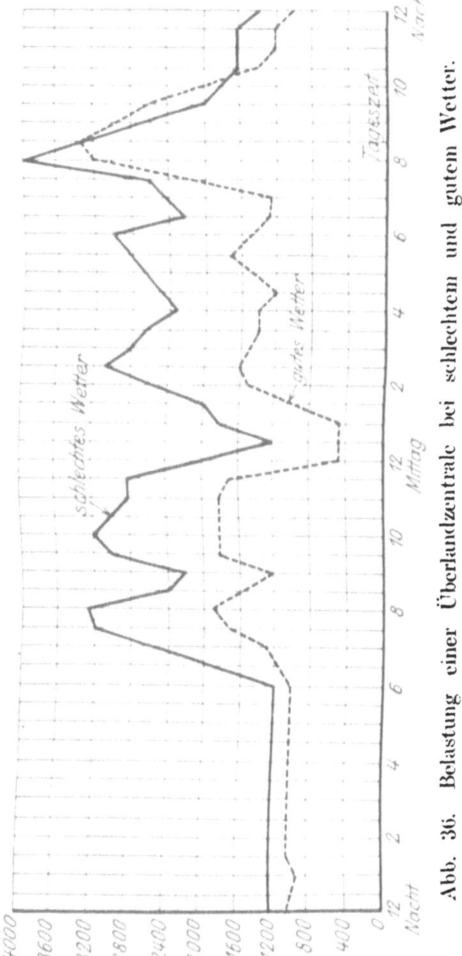

Abb. 36. Belastung einer Überlandzentrale bei schlechtem und gutem Wetter.

Sehr viel schwieriger wird es sein, die Vermeidung der starken Belastungsschwankungen bei den Überlandzentralen zu vermeiden. Bei Eintritt schlechten Wetters pflegt der Landwirt nach Hause zu gehen und zu dreschen oder andere Kraftbetriebe in Gang zu setzen. Da nun alle Landwirte das gleiche tun, so ergibt sich bei Überlandzentralen, die kein sehr großes Gebiet versorgen, in solchen Fällen eine sehr plötzliche Änderung der Belastung. Abb. 36 zeigt die Verhältnisse bei Tagen mit gutem und schlechtem Wetter. Tritt der Witterungswechsel im Laufe

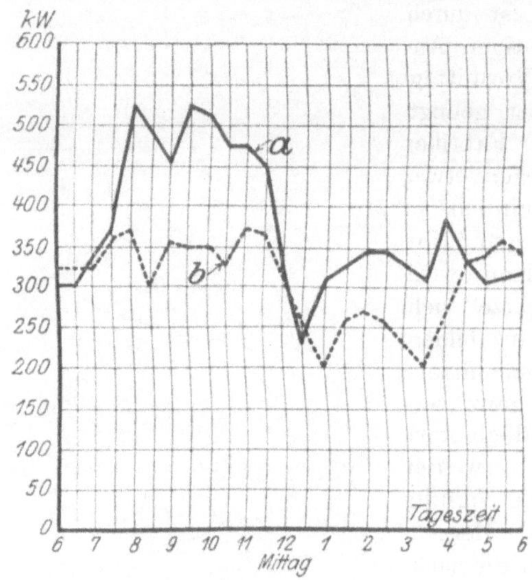

$a = 30.$ XII. 1916, vormittags Regen. $b = 8.$ XII. 1916, schönes Wetter.
Abb. 37.   Belastung einer Überlandzentrale bei Witterungswechsel.

des Tages ein, so springt die Belastung schnell aus der einen Kurve in die andere, wie dies aus den Abb. 37 und 38 zu ersehen ist. Hier ist schon während des Krieges durch Einführung von Dreschordnungen viel erreicht worden, und es ist erwünscht im Interesse der Kohlenersparnis auch in Zukunft in ähnlicher Weise den Betrieb zu führen, damit derartige plötzliche Zunahmen in der Belastung tunlichst vermieden werden, denn sie sind stets mit beträchtlichem Kohlenverlust verbunden, ganz abgesehen von der Gefährdung der Transformatoren in den Netzen.

Bei Überlandzentralen, die sehr große Gebiete versorgen,

macht sich diese Unannehmlichkeit nicht so stark bemerkbar da dann oft schon ein Ausgleich eintritt. Es regnet meist nicht im ganzen Gebiete gleichzeitig. Da man in Zukunft ja nach Zusammenschluß strebt, werden sich auch diese Verhältnisse von selbst bessern.

Auch die Vermeidung der um die Mittagszeit eintretenden starken Abnahme der Belastung wird zu Brennstoffersparnissen führen. Wie aus den Abb. 34—36 zu ersehen ist, tritt gegen 12 Uhr eine scharfe Einsenkung der Belastungskurve ein. Durch gruppenweise Regelung der Mittagspause der Hauptkraftabnehmer läßt

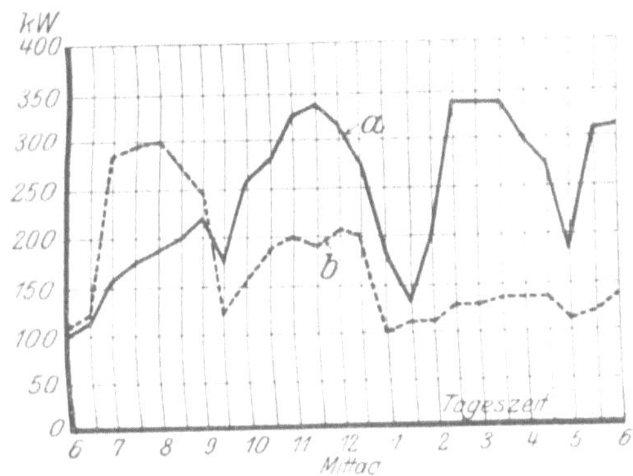

$a = 5.$ IX. 1916, Regen. $b = 6.$ IX. 1916, vormittags Regen, nachmittags schön.
Abb. 38. Belastung einer Überlandzentrale bei Witterungswechsel.

sich diese Einsenkung wesentlich verbessern und damit eine bessere Ausnutzung des Brennstoffes erzielen.

Eine Quelle außerordentlich großer Kohlenersparnis bildet der Anschluß industrieller Einzelanlagen an elektrische Kraftwerke. Solche Einzelanlagen arbeiten wärmewirtschaftlich vielfach äußerst mangelhaft. Sie arbeiten zum Teil mit ganz alten Maschinen und sind sehr schwankender Belastung ausgesetzt, so daß die Kohle sehr schlecht ausgenutzt wird. Viele Einzelanlagen verbrauchen auf die kWh bezogen die 2-fache, oft sogar die 3—5-fache Kohlenmenge von derjenigen eines gut gebauten und geleiteten Kraftwerkes. Wenn man bedenkt, daß von dem Kohlenverbrauch vor dem Kriege ungefähr die Hälfte für die Industrie in Anspruch genommen wurde, so leuchtet ein, daß die hier erzielbare Ersparnis außerordentlich groß ist, und sich wohl leicht auf

4—6 Mill. t. belaufen kann. Es muß daher gefordert werden.
daß hier energisch eingesetzt wird und gegebenenfalls mit Zwang [1]
erreicht wird, daß solche Einzelanlagen, die wärmewirtschaftlich
ungünstig arbeiten, an wirtschaftlich arbeitende Kraftwerke angeschlossen oder mit anderen industriellen Werken zusammen-
geschlossen werden. Ganz besonders muß dies aber auch noch gefordert werden im Hinblick auf die später noch zu besprechenden
Transportschwierigkeiten. Es ist fraglos höchst unwirtschaftlich.
einer großen Anzahl von kleinen Anlagen die Kohlen auf vielfach
sehr umständlichen Wegen zuzuführen, während sie nur einem
großen Kraftwerke, welches mit besten Umladeeinrichtungen versehen ist oder gar am Wasserwege liegt, zugeführt zu werden
brauchen.

Vielfach ist übrigens auch der privatwirtschaftliche Vorteil.
den eine solche Einzelanlage bringen soll, nur ein eingebildeter.
Die Berechnung der Selbstkosten wird oft sehr nachlässig durchgeführt oder unterbleibt in vielen Fällen auch ganz. Alte Gewohnheit und der Drang nach Selbständigkeit sind es vielfach.
die dafür sorgen, daß es bei der Einzelanlage bleibt, anstatt daß
sich die Kraftverbraucher an ein in der Nähe befindliches größeres
Kraftwerk anschließen. Unterstützt wird dies auch noch dadurch.
daß manche Elektrizitätswerke eine ungeeignete Tarifpolitik
solchen Kraftabnehmern gegenüber betrieben haben und zum Teil
auch noch betreiben. Erleichtert wird der Anschluß solcher Einzelanlagen oft ganz besonders dadurch werden. daß die elektrischen
Kraftwerke auch bereit sind etwa nötige Wärme oder etwa ge-
brauchten Dampf zu liefern.

In England hat man während des Krieges. als die Kohlennot
auch dort sehr beträchtlich war, den Einzelanlagen ganz besondere
Aufmerksamkeit zugewendet und große Ersparnisse durch den
Anschluß an Elektrizitätswerke erzielt. Es wurden dort, über das
ganze Land verbreitet. systematische Beobachtungen über die
Kohlenausnutzung angestellt. Es waren hierfür 400 Ingenieure
tätig, um die 40—50 000 Anlagen zu besichtigen und zu prüfen.
Neben der Verbesserung veralteter Dampfkessel und Dampf-
leitungen, Ausbesserung schadhafter Einmauerungen, Beseitigung
von Undichtheiten, Verwendung von Abdampf und Abgasen

---

[1] Wobei natürlich wirtschaftliche Erwägungen Platz greifen und namentlich Billigkeit und Vernunft ausschlaggebend sein müssen.

wurde ganz besonderer Aufmerksamkeit den vielfach kohle-
verschwendenden Einzelanlagen gewidmet. In solchen Anlagen
wurden dann oft die Dampfmaschinen still gesetzt und der Betrieb
durch einen Elektromotor eingerichtet.

Das gleiche, was vorstehend für die Einzelanlage gesagt ist, gilt
natürlich auch für viele kleine Elektrizitätswerke. Auch sie erzeugen die Elektrizität vielfach beträchtlich unwirtschaftlicher und
ihr spezifischer Kohlenverbrauch dürfte im allgemeinen der doppelte
desjenigen von mittleren und großen Kraftwerken sein. Auch hier
wird durch einen Anschluß an größere Werke eine beträchtliche
Ersparnis an Brennstoff erzielbar sein, sofern die Werke ihrer
Lage nach nicht gerade besonders für Abwärmeverwertung oder
Vorbenutzung des Dampfes zu Heizzwecken geeignet sind. Leider
sind die Bestimmungen des Reiches betreffend Sozialisierung der
Elektrizitätswirtschaft bei einer Grenze der Leistungsfähigkeit von
5000 kW stehen geblieben, so daß gerade die bezüglich der Kohlenwirtschaft am ungünstigsten arbeitenden Anlagen frei geblieben
sind. Das wird aber zur Folge haben, daß solche schlecht arbeitenden Werke aus Lokalinteressen vielfach nur langsam zum Anschluß an große Kraftwerke bewogen werden können. Auch hier
würde ein sanfter Zwang, wie bei Einzelanlagen verlangt, beträchtliche Vorteile für die Kohlenwirtschaft bringen können.

Ebenso wie man bei der Erzeugung der Kraft, der Wärme
und des Lichtes höchste Wirtschaftlichkeit anstreben soll, muß
dies auch beim Verbrauch geschehen und ebenso bei der Verwendung der Erzeugnisse, denn in ihnen ist ja die aufgewendete Kohle
usw. gebunden. Es wird sich dies sicher auch erzielen lassen, so
daß auch auf diesem Wege Ersparnisse erreichbar sind. Allerdings wird das nur mit vieler Kleinarbeit geschehen können und
es wird notwendig sein, um Erfolg zu erzielen, einen großen Kreis
der Bevölkerung aufzuklären und aus ihrer Gewohnheit aufzu-
rütteln. Das wird am besten dadurch geschehen, daß man sich
je nach den Verhältnissen ein Merkblatt macht ähnlich demjenigen,
das von mir früher [1]) während des Krieges aufgestellt war. Dieses
Merkblatt muß natürlich den jetzigen bzw. zukünftigen Verhältnissen angepaßt werden. Als Grundlage hierfür kann folgendes
dienen:

---

[1]) ETZ 1918, S. 75.

Merkblatt.

Wie man elektrische Arbeit (und damit Kohlen) spart.

Im allgemeinen Interesse ist es notwendig an Kohlen zu sparen. Dies muß insbesondere dadurch geschehen, daß jeder nur irgend entbehrliche Verbrauch unterbleibt. Soweit dies nicht möglich, beachte man das Nachstehende:

A. Kraftbetrieb.

1. Man vermeide jeden längeren Leerlauf von Motoren.

2. Wenn der Motor in Betrieb ist, so benutze man ihn möglichst voll, indem man die zu erledigenden Arbeiten ansammelt und richtig verteilt.

3. Man lasse Arbeitsmaschinen und Vorgelege nicht unnötig leer mitlaufen; gegebenenfalls setze man nicht gebrauchte Arbeitsmaschinen, Vorgelege, Transmissionen usw. durch Entfernung des Riemens usw. still.

4. Man vermeide verwickelte Anordnungen, wie mehrfache Vorgelege, gekreuzte Riemen, lange Wellenstränge. Transmissionen belaste man nicht mitten zwischen sondern nahe bei den Lagern. Der richtigen (weder zu großen noch zu kleinen) Riemenspannung wende man Aufmerksamkeit zu.

5. Vorschaltwiderstände. die elektrische Arbeit verzehren, verwende man nur in zwingenden Fällen.

B. Beleuchtung.

1. Man schalte Lampen. die nicht mehr benötigt werden, sofort aus.

2. Sofern noch Kohlefadenlampen Verwendung finden, tausche man sie sofort gegen Metallfadenlampen höchstens gleicher Kerzenstärke aus, da sie nur $^1/_3$ der elektrischen Arbeit verbrauchen.

3. Man bringe die Glühlampe tunlichst nahe am Gebrauchsort an.

4. Durch richtige Anwendung von Reflektoren kann man die Beleuchtung an der Gebrauchsstelle verbessern oft sogar bei geringerem Verbrauch an elektrischer Arbeit.

5. Man beseitige lichtverzehrende Schirme und Gehänge, soweit sie nicht etwa für den Schutz der Augen unentbehrlich sind.

6. Arbeiten die bei natürlichem Licht gemacht werden können,
verrichte man nicht bei künstlicher Beleuchtung.

Um einen Erfolg zu erzielen, ist es notwendig solche Merk-
blätter in weitestem Umfang zu verbreiten. In Fabriken empfiehlt
es sich, sie am schwarzen Brett anzuschlagen und damit allen Arbeitern bekannt zu machen. Besonders wichtig ist es die Betriebs-
leiter, Werkführer usw. zum Sparen zu veranlassen, was gegebenenfalls durch Prämien auf Grund von erzielten Ersparnissen erreicht
werden kann.

Eine bedeutende Kohlenersparnis wird sich aus der Durchführung des elektrischen Vollbahnbetriebes, die ja auch von dem
Preußischen Ministerium der öffentlichen Arbeiten und der Bayerischen Staatsbahnverwaltung schon seit einiger Zeit in Angriff
genommen ist, ergeben. Die nunmehr erfolgte Zusammenlegung
aller Bahnen zur Reichseisenbahn wird hoffentlich diese Bestrebungen fördern und es wäre zu hoffen, daß hier schon in kurzer
Zeit praktische Ergebnisse erzielt werden. Nach Wechmann [1]
ist die Ersparnis bei vollständig durchgeführter elektrischer Zugförderung auf rund 5 Mill. t jährlich zu veranschlagen. Allerdings
gehören zur Durchführung dieser Arbeit mindestens 20 Jahre,
wahrscheinlich sogar 40—50 Jahre. Es sind natürlich auch noch
viel Schwierigkeiten zu überwinden, insbesondere auch dadurch,
daß diese Einführung der elektrischen Zugförderung mit einer
großzügigen Gewinnung der Nebenprodukte verbunden werden
soll. Aber auch in der Übergangszeit ist beabsichtigt, schon dadurch wirtschaftlicher zu arbeiten, daß die Lokomotiven nicht
mehr mit Steinkohle, sondern mit Halbkoks gefeuert werden. Das
bei der Erzeugung des letzteren gewonnene Gas soll in Gas-Kraft-
maschinen in elektrische Arbeit umgewandelt werden.

Bei Straßenbahnen wird sich durch wirtschaftliches Fahren [2]
und durch zweckmäßige Anordnung von Haltestellen [3] eine Ersparnis an Kohle erzielen lassen. Volkers hat in seiner Schrift
„Die Fahrkunst auf Straßenbahnen" mit Recht auf die große Bedeutung des richtigen Fahrens hingewiesen und gezeigt, welche
Erfolge sich durch gute Instruktion der Fahrer erzielen lassen.

---

[1] Verkehrstechnik 1919, Heft 4.
[2] Elektrische Kraftbetriebe und Bahnen 1920, S. 85.
[3] Elektrische Kraftbetriebe und Bahnen 1915, S. 1, 1919, S. 41; E.
u. M. 1917, S. 448 und Zeitschr. f. Kleinb. 1917, S. 701.

Auch durch Einführung von Kugel- oder Rollenlager [1]) läßt sich eine Kohlenersparnis erzielen. Nach L. Adler ergab sich bei Meßfahrten der Großen Berliner Straßenbahn eine Stromersparnis zwischen 6 und 10%. Hierzu kommt noch, daß die Kugellager auch den Vorteil haben, daß sie im Betriebe eine leichtere Verschiebbarkeit der Wagen von Hand bewirken. Auf den Bahnhöfen und an Endhaltestellen ist dies von großem Vorteil.

In den Fabrikbetrieben wird sich durch Verbesserung der Transmissionen und durch weitere Einführung des elektrischen Antriebes viel Kohle sparen lassen. Hierbei ist in jedem Falle sorgsam zu unterscheiden, ob Einzelantrieb, Gruppenantrieb oder Gesamtantrieb das Zweckmäßigste ist. Ist doch vielfach schon festgestellt worden, daß in Fabrikbetrieben der Wirkungsgrad von der Kraftmaschine bis zur Arbeitsmaschine nur 30% beträgt. Selbst bei in neuerer Zeit erst eingerichteten Werkstätten liegen oft die Verhältnisse noch ebenso. Die Kriegsrohstoffabteilung [2]) hat z. B. festgestellt, daß in einer Fabrik, die mit 25 Transmissionen arbeitet, ein Verbrauch von 250 kW bei normalem Betriebe und von 165 kW bei Leerlauf vorhanden war. Das entspricht etwa 34% Wirkungsgrad. Bei Erweiterung durch neue Werkzeugmaschinen stieg der Wirkungsgrad auf etwa 50%. Die Gesamtlänge der 25 Transmissionen (die Zwischenvorgelege nicht eingerechnet) betrug etwa 1000 m. Der Leerlaufsverbrauch stellte sich demnach in diesem Betriebe auf etwa 150 W für den Meter Wellenlänge. Man ersieht daraus, daß die Fabriken im eigenen Interesse gut daran tun, durch zeitweilige Messungen festzustellen, wie hoch die Verluste sind. Durch zweckmäßig gewählten elektrischen Antrieb können viele Verlustquellen vermieden werden, wobei außerdem die Übersichtlichkeit im Fabrikbetriebe wesentlich erhöht wird.

Hierzu kommt noch, daß die Ausnutzung der Grundfläche, die Anpassung an die Produktion und die bessere Ausnutzung der Krane oft bedeutende Vorteile bringt. Man ist beim elektrischen Antrieb in der Aufstellung der Maschinen nicht mehr von der Lage der Transmissionen abhängig und kann sich dem Arbeitsgange besser anpassen. Auch ein Versetzen der Maschinen bei Änderungen des Arbeitsprogrammes ist leichter möglich. Durch den Fortfall

<hr>

[1]) ETZ 1918, S. 458.
[2]) Helios 1918, Heft 35, S. 619.

der Riemen wird außerdem die natürliche Beleuchtung durch
Tageslicht viel gehindert, so daß an künstlichem Licht oft beträchtlich gespart werden kann. Durch richtige Bemessung der Werk-
zeug- und Arbeitsmaschinen, durch vermehrte Anwendung von
Kugel- und Rollenlager oder anderer verbesserter Lagerkonstruk-
tionen wird vielfach beträchtlich an Kohle gespart werden können.

Auch durch die richtige Ausnutzung der auf beleuchtungs-
technischem Gebiete erzielten Fortschritte wird es möglich sein,
den Brennstoffverbrauch zu verringern, obgleich man sich über
die dadurch erzielbare Menge der zu sparenden Kohle usw. keinen
falschen Hoffnungen hingeben darf. Macht doch die Beleuchtung
z. B. bei Elektrizitätswerken heute nur noch $8^0/_0$ der abgegebenen
elektrischen Arbeit aus. Wenn auch bei industriellen Einzelanlagen der Anteil des Lichtes vielleicht etwas größer ist, so bleibt
er doch immer niedrig. Da die Benutzungsstundenzahl für die
Beleuchtung gegenüber der für Kraft eine niedrigere ist, kann eben
hier keine so erhebliche Ersparnis erzielt werden, wie man es ge-
meinhin glaubt. Man muß jedoch selbstverständlich auch diese
geringe Kohlenersparnisse mitnehmen, namentlich soweit sie gleichzeitig auch ein wirtschaftlicher Vorteil für den Benutzer der Beleuchtung ist. Noch immer werden Kohlenfadenlampen benutzt
in Fällen, in denen die Brenndauer beträchtlich ist. Ihr Ver-
wendungsgebiet sollte ausschließlich auf sehr kurze Benutzungsdauer beschränkt werden, da der spezifische Verbrauch 3—5 mal
größer ist als der von Metallfaden und Halbwattlampen. Nach
Ausweis des Statistischen Reichsamtes wurden im Jahre 1911
noch $11^1/_2$ Millionen Kohlenfadenlampen in Deutschland verbraucht. Diese Zahl ging bis zum Jahre 1913 auf ungefähr $7^1/_2$
Millionen zurück. Wenngleich dies als erfreulich zu bezeichnen
ist, so habe ich doch leider feststellen müssen, daß sogar im Jahre
1916 noch ungefähr 4 Millionen Kohlenfadenlampen in Deutschland verbraucht wurden.

Die Halbwattlampe sollte, soweit nur irgend möglich, Anwendung finden und übertriebene Beleuchtung sollte möglichst vermieden werden. Nur allzu oft wird der Fehler gemacht, daß man
glaubt, eine Verbesserung der Beleuchtung dadurch zu erreichen,
daß eine Vergrößerung der Lichtquelle vorgenommen wird. Durch
sachgemäße Verteilung des Lichtes wird vielfach ein ebenso be-
deutender Vorteil erreicht werden können. Namentlich soll man
immer dahin streben, eine gute örtliche Beleuchtung zu erreichen.

ohne die allgemeine Beleuchtung zu übertreiben. Das trifft ganz besonders für industrielle Verwendung der Beleuchtung zu. Ferner wird durch Reflektoren auch vielfach zweckmäßig dieses Ziel erreicht werden können.

Ebenso wird man viel Erfolg erzielen können durch richtige Ausbildung von Beleuchtungkörpern und richtige Anordnung der Lampen. Überhaupt ist es wichtig durch weitere Verbreitung von Aufklärung auf beleuchtungs-technischem Gebiet sparend zu wirken, da nach dieser Richtung hin selbst in Kreisen von Ingenieuren noch vielfach ungenügende Kenntnisse vorhanden sind. Auf meine Veranlassung hin hat die „Deutsche Beleuchtungs-technische Gesellschaft" jetzt in großzügiger Weise die Fortbildung auf diesem Gebiet übernommen, und es werden solche Kurse in größerem Maßstabe durchgeführt. Zunächst ist ein Kursus zur Ausbildung von Beleuchtungs-Ingenieuren angesetzt, bei dem folgende Vorträge gehalten werden:

1. Die heutige Bedeutung der Beleuchtungstechnik;
2. wissenschaftliche Grundlagen der Lichterzeugung;
3. Photometrie;
4. Hygiene der Beleuchtung;
5. elektrische Lampen;
6. Gaslampen;
7. Petroleum-, Spiritus-, Benzol- und Azetylenlampen;
8. Ausbildung von Reflektoren, Armaturen und Beleuchtungskörpern;
9. Projektierung von Beleuchtungsanlagen, Berechnung der Beleuchtung;
10. elektrische Straßenbeleuchtung;
11. Straßenbeleuchtung mit Gas;
12. Beleuchtung von Wohnungen, Bureaus, Verkaufsräumen und Fabriken;
13. Beleuchtung von Kirchen, Schulen, Festsälen und Theatern;
14. Beleuchtung von Bahnanlagen und Fahrzeugen;
15. Scheinwerfer und Projektionsapparate.

In den Jahren 1916 und 1917 war zur Erzielung von Kohlenersparnissen die Sommerzeit eingeführt worden. In den späteren Jahren hat man von ihr abgesehen, weil der Nutzen nicht sehr erheblich, die Unannehmlichkeiten auf dem Lande aber sehr groß waren. Es hat sich auch gezeigt, daß auf dem Lande keine Ersparnisse erzielt werden. Siegel[1]) hat nachgewiesen, daß bei den Elektrizitätswerken etwa 0,3 °/₀ des Gesamt-Jahresverbrauches gespart wird. Da letzter jetzt ungefähr 8 Milliarden[2]) kWh beträgt, ergibt sich eine Ersparnis von etwa 25 000 t. Hinzu kommt

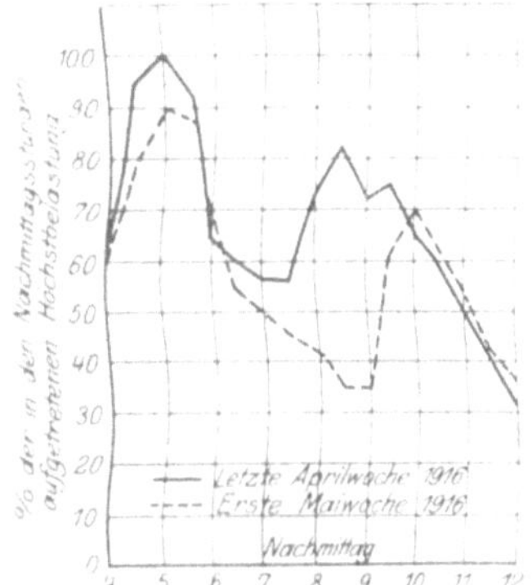

Abb. 39. Einfluß der Sommerzeit auf die Nachmittagsbelastung in Prozenten.

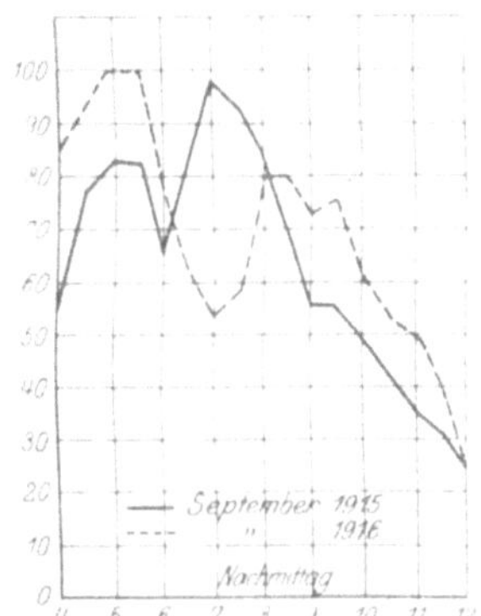

Abb. 40. Einfluß der Sommerzeit auf die Nachmittagsbelastung in Prozenten.

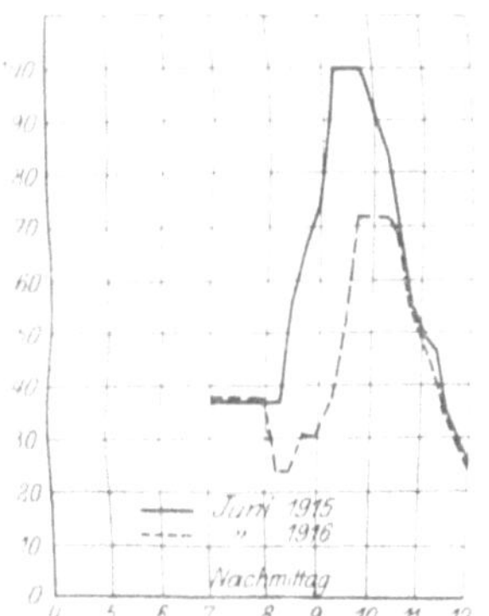

Abb. 41. Einfluß der Sommerzeit auf die Nachmittagsbelastung in Prozenten.

Abb. 42. Einfluß der Sommerzeit auf die Nachmittagsbelastung in Prozenten.

---

[1]) ETZ 1919, S. 357.
[2]) Die von Siegel angegebene Zahl 3 Milliarden ist nicht zutreffend, da ja schon 1913 die Abgabe 4.3 Milliarden kWh betragen hat (siehe ETZ 1914, S. 907).

noch die Ersparnis in Einzelanlagen mit etwa 15 000 t und bei den Gaswerken mit etwa 25 000 t. Das ergibt zusammen rund 65 000 t jährlich, d. h. etwa $0,05\%$ der jetzigen Steinkohlenförderung. Da die für Licht verbrauchte elektrische Arbeit aber im allgemeinen etwa 3 mal höher bezahlt wird als die für Kraft abgegebene, so entsteht den Elektrizitätswerken ein beträchtlicher Schaden. Nach Siegel entspricht der Verringerung der Stromabgabe um $0,3\%$ eine solche der Einnahme um $0,9\%$.

Aus den Abb. 39—43 ist die Einwirkung der Sommerzeit auf eine Anzahl Elektrizitätswerke dargestellt. Diese Kurven sind der eben erwähnten Arbeit von Dr. Siegel entnommen.

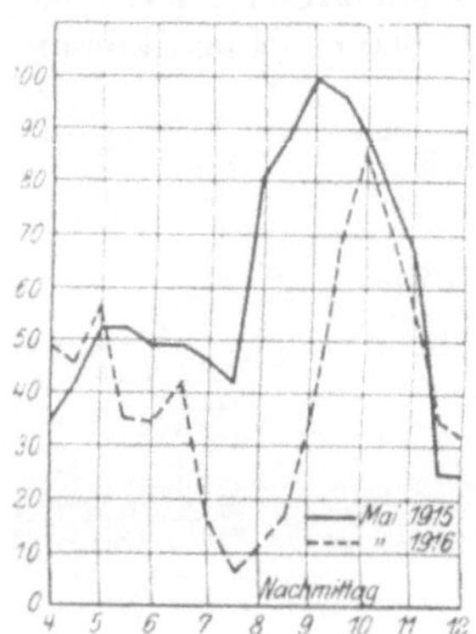

Abb. 43. Einfluß der Sommerzeit auf die Nachmittagsbelastung in Prozenten.

D. Weitgehendste Verwendung geringwertiger Brennstoffe.

Allgemeines über geringwertige Brennstoffe — Ölschiefer — Vergasung geringwertiger Brennstoffe — Müllverbrennung.

Es kann keinem Zweifel unterliegen, daß die zur Verfügung stehenden Brennstoffmengen auch bei größter Sparsamkeit in den nächsten Jahren nicht mit dem Bedarf in Einklang gebracht werden können, da die zur Erzielung erheblicher Mehrmengen von Brennstoffen und für die Erreichung von Einsparungen notwendigen Arbeiten zum Teil mehrere Jahre für ihre Durchführung benötigen. Die Hauptschwierigkeiten werden naturgemäß bei der Steinkohle liegen, doch werden auch die in nächster Zeit zur Verfügung stehenden Braunkohlen und der gewinnbare Torf nicht ausreichen. Letzterer wird zunächst wesentlich für den Hausbrand in Frage kommen, da die Anlagen, die zur Verwertung desselben zur Elektrizitätserzeugung gebaut werden müssen, wiederum Jahre für ihre Errichtung brauchen. Das Holz wird für den Hausbrand einspringen müssen, was aber nur vorübergehend durchgeführt werden sollte. da sonst unsere Bestände zu stark in Anspruch genommen werden. und für das Holz andere wichtige Verwendung vorhanden ist. Unter diesen Umständen ist es notwendig, mit allen zur Verfügung stehenden Mitteln dafür zu sorgen, daß die bereits vorhandenen und noch gewinnbaren geringwertigen Brennstoffe möglichst weitgehendste Verwendung finden.

Sofort stehen z. B. die umfangreichen Halden von Steinkohlengrus, die Waschberge, Klaubeberge, der Kohlenstaub, Kohlenschlamm, Koksasche usw., zur Verfügung.

Diese Brennstoffe enthalten je nach Zusammensetzung 4500 bis 5500 Wärmeeinheiten, so daß ihre Benutzung keine Schwierigkeiten bietet. Außerdem kann sofort die in verhältnismäßig großen Mengen vorhandene Lokomotivlösche weitergehende Verwendung finden als dies bisher geschieht. Ferner sind zu nennen an geringwertigen Brennstoffen: Sägemehl, Gerberlohe, Waldstreu, Schilf und ähnliches.

Dem Ölschiefer[1]) ist bisher in Deutschland verhältnismäßig wenig Beachtung geschenkt worden. Er dürfte jedoch geeignet sein, einen beachtenswerten Ersatz für Kohle zu bieten. Sein Vorkommen ist erheblich, denn es sollen sich nach Trenkler in Deutschland 117 Milliarden t vorfinden. In Bayern, Württemberg, Hessen und auch in Norddeutschland kommt er in großen Mengen vor und kann leicht abgebaut werden. Er kann verbrannt oder vergast werden, und es kann aus ihm Öl gewonnen werden, das seinerseits wieder verbrannt werden kann. Neben Rohöl, das außer für Kessel auch für Dieselmotoren Verwendung finden kann, werden aber auch Leichtöle, Mittelöle und Schmieröle gewonnen. Der Ölgehalt beträgt 3—5%.

Auch die Müllverbrennung ist in diesem Zusammenhang zu betrachten, zumal sie auch in hygienischer Beziehung die beste Lösung zur Beseitigung des Mülls darstellt. In manchen Orten sind die Schwierigkeiten der Müllverbrennung recht bedeutend, da das Müll so wenig brennbare Stoffe enthält, daß eine Verbrennung nur unter Zusatz von besseren brennbaren Stoffen möglich ist. In anderen Orten dagegen hatte sich gezeigt[2]), daß das Müll ohne Zusatz gut verbrennt. In den letzten Jahren werden die Schwierigkeiten wahrscheinlich noch größer geworden sein, da ja durch die schlechteren Ernährungsverhältnisse und die ge-

---

[1]) ETZ 1920, S. 354.
[2]) Näheres siehe in dem Aufsatz „Die Bedeutung der Müllverbrennung für die Elektrotechnik", ETZ 1907, S. 641.

samte ungünstige wirtschaftliche Lage das Müll wahrscheinlich noch schlechter geworden ist. Es sollte aber immerhin versucht werden, soweit irgend möglich, die Müllverbrennung durchzuführen und die überschüssige Wärme zur Erzeugung von Elektrizität zu benutzen. Hierzu kommt noch, daß die Schwierigkeiten der Abfuhr des Mülls jetzt wesentlich größere sind als früher und daß die Kosten dieser Abfuhr ganz außerordentlich gestiegen sind. Es wird also bei Durchführung der Müllverbrennung nicht nur eine wesentliche Wärmequelle erschlossen, sondern es ist außerdem noch möglich, die Schlacken zu Steinen zu verarbeiten und auf diese Weise einen Ersatz für Baumaterialien zu schaffen, die sonst unter Anwendung von Brennstoffen hergestellt werden müssen.

Man kann annehmen, daß pro Tag und Einwohner 0,5 kg Müll anfallen und daß pro Tonne Müll 35—50 kWh nutzbar abgegeben werden können. Auf den Einwohner und das *Jahr* bezogen werden ungefähr 6—8 kWh nach Abzug des Selbstverbrauches von der Müllverbrennungsanlage nutzbar abgegeben werden können.

Diese minderwertigen Brennstoffe vertragen naturgemäß keinen Transport und müssen am Orte oder in der Nähe des Anfalles verwertet werden. Daß dies leider auch heute noch vielfach nicht geschieht, geht z. B. aus den Mitteilungen von Diplom-Ingenieur A. Wirth[1]) hervor. Er sagt, daß heute noch auf den Zechen Förderkohlen verstocht werden und die minderwertigen Stoffe auf die Halden gehen oder billig abgegeben werden.

Da nun diese minderwertigen Brennstoffe an Ort und Stelle verbraucht werden müssen, wird es sich in der Regel am zweckmäßigsten erweisen, sie zur Elektrizitätserzeugung zu verwenden und gegebenenfalls durch den Draht die Arbeit dorthin zu bringen, wo sie Verwendung finden kann.

E. Die Bedeutung der Transportverhältnisse.

Transportkrisen — Güte der Kohle — Transport geringwertiger Kohle — Briquettierung von Braunkohle — Zweckmäßige Verteilung — Bahnen, Kanäle, Wege und elektrische Leitungen — Elektrizitätswerke.

Es ist ja bekannt, daß die Kohlennot nicht allein eine Frage der Förderung von Kohlen usw. ist, sondern sie ist während eines großen Teiles des Jahres auch eine Frage der Beförderung, so

---

[1]) Zeitschrift des Vereins Deutscher Ingenieure, 1920, Heft 11, S. 248.

daß es notwendig ist, sich hier auch mit den Transportverhältnissen zu befassen. Besonders nach der Ernte hat sich schon im Frieden immer eine große Knappheit an Transportmitteln ergeben, die dazu führte, daß die geförderten Kohlen nicht abtransportiert werden konnten. Über diese schwierigen Zeiten kam man aber früher dadurch hinweg, daß man in verkehrsschwächeren Zeiten Vorräte von Brennstoffen geschaffen hat. Das ist aber bei der jetzigen Knappheit an Brennstoffen unmöglich und die Transportschwierigkeiten machen sich nun jetzt sehr viel mehr bemerkbar, zumal ja auch das Wagenmaterial durch die Abgabe an die Entente unzulässig verringert worden ist. Weiterhin ist aber auch dadurch, daß in den Reparaturstätten monatelang wenig und gar nichts getan worden ist, der Reparaturstand an Wagen und Lokomotiven ein sehr schlechter geworden, so daß die Anforderungen, die an die Eisenbahnen gestellt werden, von ihr oft nicht erfüllt werden können. Das Heilmittel ist hier natürlich ganz einfach, da es nur einer fleißigen Arbeit in den Eisenbahnwerkstätten und den Reparaturwerkstätten der Industrie bedarf, um wenigstens die vorhandenen Lokomotiven und Wagen brauchbar zu machen. Trotz größter Bemühungen ist es ja bekanntlich nur in sehr geringem Umfange gelungen, die Arbeiter in den Reparaturwerkstätten dahin zu bringen, genügend Arbeit zu leisten. Neben der Verbesserung des Reparaturstandes der Lokomotiven und Wagen ist weiterhin die Herstellung neuer Betriebsmittel dringend notwendig. Doch auch hierzu bedarf es fleißiger Arbeit und nicht fortwährender Streiks.

Durch weiteren Ausbau unseres Kanalnetzes muß eine Entlastung der Eisenbahnen erreicht werden. Es ist notwendig, die geplanten Kanäle bald zu bauen und gegebenenfalls noch weitere Projekte in Angriff zu nehmen. Es muß außerdem mit größter Sorgfalt darauf geachtet werden, daß die Wasserwege aufs höchste ausgenutzt werden, um die Eisenbahnen zu entlasten.

Eine große Gefahr droht unserer Kohlenversorgung und besonders der Süddeutschlands noch durch die von der Entente verlangte Abgabe von Rheinschiffen. Es muß alles versucht werden, um diese schwere Schädigung abzuwenden, da die Eisenbahnen sehr stark auf die Unterstützung durch die Wasserstraßen angewiesen sind.

Ein weiteres sofort durchführbares Mittel zur Entlastung der Bahnen besteht darin, daß die Güte der Kohle wieder auf den Stand

gebracht wird, den sie vor dem Kriege hatte. Während früher
8—10% Stein, Erde usw. in der Steinkohle enthalten waren,
sind es jetzt meist 20—30% und manchmal noch mehr. Es können
also beträchtliche Mengen an Betriebsmitteln gespart werden,
wenn die Bergarbeiter wieder so arbeiten würden, wie vor dem
Kriege

Wie schon oben erwähnt, sollen die geringwertigen Brennstoffe
am Gewinnungsort oder doch in dessen nächster Nähe verwertet
werden, da sonst die Transportmittel zu stark durch sie in Anspruch
genommen werden. Dieser Gesichtspunkt sollte möglichst allgemein durchgeführt werden, so daß ein Brennstoff um so weniger
weit transportiert wird, je weniger Wärmeeinheiten er enthält.
Auf die zweckmäßige Verteilung der Brennstoffe ist bisher noch
wenig Rücksicht genommen worden. Z. B. werden aus Braunkohlen Briketts hergestellt, um sie besser transportieren zu können.
Das ist aber nur richtig, soweit es sich um Hausbrand handelt
und um industriellen Bedarf, der tatsächlich nicht anders befriedigt werden kann. Wenn es aber möglich ist, Kraft, Licht und
Wärme aus einem auf der Grube befindlichen Kraftwerke zu beziehen, so ist es eine unsinnige Verschwendung, wenn man das
nicht tut und Briketts unter Inanspruchnahme von Transportmitteln in verhältnismäßig geringer Entfernung von der Grube
verwendet oder wenn gar Steinkohlen innerhalb des Versorgungs-
gebietes von Braunkohlengruben verwendet werden.

Bei der Benutzung von Braunkohlenbriketts zur Krafterzeugung in geringer Entfernung von der Braunkohlengrube ist noch
zu berücksichtigen, daß hier die Verschwendung eine doppelte
ist. Es werden nicht nur Lokomotiven und Wagen unnötigerweise in Anspruch genommen, sondern es wird auch viel mehr
Brennstoff aufgewendet, denn zur Herstellung von 1 t Briketts
braucht man 3 t Rohbraunkohle [1]. Auch Prof. Kegel [2] be-
tont die volkswirtschaftlich erheblichen Verluste bei der Brike-
tierung, die für 1 kg Brikett 1650 Wärmeeinheiten betragen.

Es ist unbedingt wichtig, daß die Verteilung der Brennstoffe zur
Krafterzeugung durch Bahnen, Kanäle und Straßen in sinngemäße
Verbindung mit der Elektrizitätsverteilung gebracht wird. Die Schie-
nen sowie die Kanäle und Straßen müssen mit den elektrischen An-

---

[1] Freie Wirtschaft 1919, Heft 11/12, S. 366 u. S. 390.
[2] Siehe Zeitschrift des Vereins Deutscher Ingenieure, 1920, S. 128.

lagen zusammen von einheitlichem Gesichtspunkte aus betrachtet werden, denn sie sind alle vier als wichtige Mittel der Energiewirtschaft zu betrachten. Die Braunkohle z. B. wird zweckmäßig am Fundorte in Elektrizität umgewandelt und durch den Draht verteilt, so daß die Bahnen entlastet werden. Im Bereiche einer solchen Zentrale sollten dann aber Kraftbetriebe mit Steinkohle, Treibölen usw. möglichst ganz vermieden werden. Wenn von solchen großen Gesichtspunkten aus eine richtige Verteilung der Brennstoffe vorgenommen wird, würden auch die

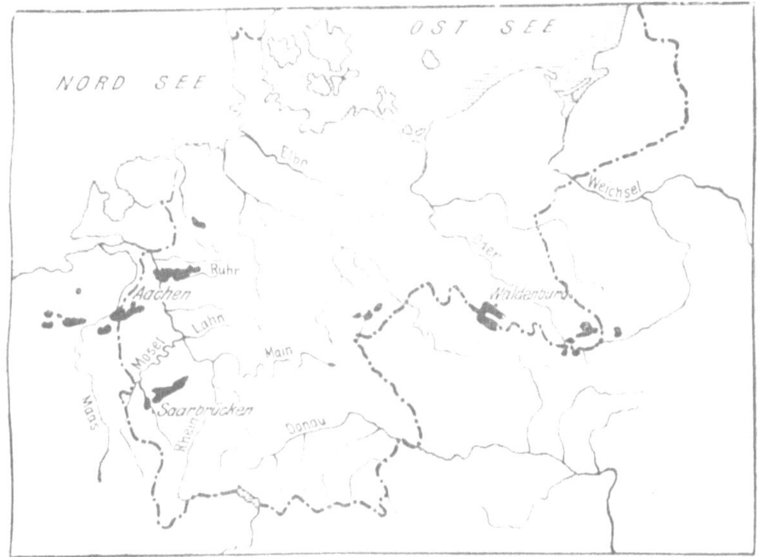

Abb. 44. Die Steinkohlenlager Deutschlands.

Leitungsnetze der Kraftwerke zweckmäßiger verwertet werden, und sie werden auch wirtschaftlicher ausgenutzt. Was für Braunkohle gesagt ist, gilt noch vielmehr für geringwertige Brennstoffe.

Die in vorstehendem empfohlene stärkere Heranziehung der Braunkohle wirkt auch auf die Transportverhältnisse zurück und zwar in günstigem Sinne. Wie aus den Abb. 44 und 45 zu ersehen ist, sind die Braunkohlenlager [1] ganz erheblich günstiger

---

[1] Diese Abbildungen sind entnommen dem Aufsatz „Die Verwendung geringwertiger Brennstoffe zur einheitlichen Versorgung Deutschlands mit elektrischer Energie" von F. Bartel, ETZ 1912, S. 706.

7*

über Deutschland verteilt, als dies bei den Steinkohlenlagern der
Fall ist, so daß naturgemäß bei stärkerer Verwendung von Braunkohlen die Transportmittel weniger in Anspruch genommen werden.

Im Bereiche eines Kraftwerkes, das ganz oder vorwiegend
Wasser ausnutzt, sollte Brennstoff zur Kraft -und Lichterzeugung
überhaupt nicht verbraucht werden, und im Bereiche eines Wärme-
kraftwerkes sollten zur Kraft- und Lichterzeugung nur geringer-
wertige Brennstoffe als das Kraftwerk verwendet, benutzt werden,
sofern letztere dort anfallen. Solche Grundsätze sollten für neue
Anlagen streng durchgeführt werden und es wäre erwünscht, daß

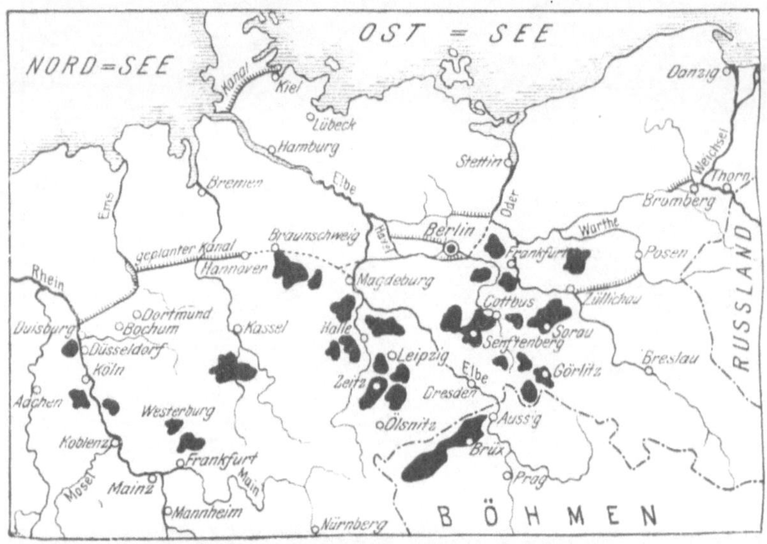

Abb. 45. Die Braunkohlenlager Deutschlands.

auch bestehende Anlagen sie möglichst bald berücksichtigen.
Gegebenenfalls müßte Zwang angewendet werden um diese allge-
mein-wirtschaftlichen Gesichtspunkte zur Durchführung zu bringen.
Maßgebend muß sein, daß irgendwo benötigte Kraft,
Wärme, Licht usw. so erzeugt wird, daß wärmetechnisch
wie transporttechnisch möglichst wirtschaftlich vom
Standpunkte der Gesamtheit aus gearbeitet wird. Natürlich wird sich das nicht in jedem einzelnen Falle voll durchführen
lassen. Aber es sollte doch dahin gestrebt werden, daß überwiegend solche Grundsätze maßgebend sind und daß nicht nur

der wirtschaftliche Gesichtspunkt des einzelnen zur Geltung gebracht wird. Im übrigen ist hierbei auch noch zu beachten, daß solche wirtschaftlichen Berechnungen, die von dem einzeln durchgeführt werden, vielfach auf unrichtiger Grundlage gemacht werden. Bei richtiger Kalkulation der Selbstkosten wird meist auch der Vorteil des einzelnen mit dem der Allgemeinheit zusammenfallen. Aber gerade bei der Berechnung der Selbstkosten von Kraftanlagen werden vielfach außerordentliche Fehler begangen.

F. Zusammenfassung der Ergebnisse.

Bedeutung der Elektrotechnik — Aufklärung über die Beseitigung der Kohlennot — Kohlenausfuhr — Hauptstelle für Wärmewirtschaft — Wärmestellen der Eisenhüttenleute — Kurse über Wärmewirtschaft — Liste der zu ergreifenden Maßnahmen.

Bei den vorstehenden Betrachtungen hat sich an vielen Stellen gezeigt, daß die Elektrotechnik außerordentlich wertvolle Hilfsmittel zur Beseitigung der Kohlennot bieten kann. Von grundlegender Bedeutung ist aber eine wirklich rationelle Wärmewirtschaft. Wir haben gesehen, daß die Kraft- und Wärmewirtschaft zusammengehören und daß sie vielfach örtlich vereinigt werden müssen. Da nun aber der Kraft- und Wärmebedarf sich nicht immer ebenso vereinigen läßt, so ist es in vielen Fällen notwendig, entweder die Kraft oder die Wärme zu übertragen. Es bietet nun gerade die Elektrotechnik die Möglichkeit, die Kraft unbegrenzt fortzuleiten, während die Übertragung der Wärme meist schwierig, teuer und unwirtschaftlich ist, wenigstens soweit erhebliche Entfernungen in Frage kommen. Die Übertragung der Kraft in Form von Elektrizität über ganze Provinzen bietet aber keine Schwierigkeiten mehr.

Die städtischen Elektrizitätswerke und Überlandzentralen werden ihre hervorragende Stellung, die sie sich bezüglich der Versorgung mit Kraft und Licht errungen haben, in Zukunft nur behalten, wenn sie in wärmetechnischer Beziehung verbessert werden. Wie vorstehend gezeigt, beträgt die mittlere Wärmeausnutzung nur ungefähr $8-9\,^0/_0$ und steigt bei großen Kraftwerken auf $12-14\,^0/_0$. Durch geeignete Verwertung der Abwärme und durch Vereinigung mit Heizwerken unter Vorbenutzung des Heizdampfes wird man nach einer Verbesserung in wärmetech-

nischer Beziehung streben müssen. Wenn hierbei die an sich erstrebenswerte Vereinigung kleinerer und mittlerer Kraftwerke zu
großen Kraftwerken im einzelnen Falle hinderlich ist, so wird sie
unter Umständen unterlassen werden müssen, da die Verbesserung
in wärmetechnischer Beziehung in vielen Fällen weit größere
Erfolge verspricht als die Verbesserung beim Anschluß an große
Kraftwerke. Es ist von Fall zu Fall zu prüfen, welcher Weg der
richtigere ist, wobei als Ideal natürlich zu betrachten wäre, weitgehendste Zentralisierung in großen Kraftwerken unter guter
Wärmeausnutzung bei letzterem. Inwieweit dies jedoch möglich
ist, hängt von den örtlichen Verhältnissen ab, da ja eine weitgehendste Wärmeausnutzung bei großen Kraftwerken nur möglich
ist, wenn dies in Verbindung mit anderen Industriezweigen oder
sonstigen Wärmeverbrauchern geschehen kann.

Die elektrischen Kraftwerke werden fraglos in Zukunft die ge-
eignetsten Lieferer für Beleuchtung sein und sie werden auch die
Kleinkraft am besten an die vielen zerstreut liegenden Verbraucher
geben können. Auch für die Verteilung von Großkraft werden
sie stets erfolgreich sein, soweit deren Verbraucher keine Wärme
benötigen. Soweit jedoch solche Kraftverbraucher gleichzeitig
auch Wärme verbrauchen, muß ein Ausgleich der beiderseitigen
Interessen unter Erreichung eines möglichst hohen wärmetechnischen Wirkungsgrades angestrebt werden, soweit dies die örtlichen Verhältnisse ermöglichen. Zur Erreichung dieses Zieles
werden die Elektrizitätswerke die Verhältnisse bei ihren Abneh-
mern sehr eingehend studieren müssen und sie werden mit ihren
Großabnehmern zusammenarbeiten müssen, um eine möglichst
weitgehendste Wärmeausnutzung zu erreichen, ohne die Sicherheit
und Übersichtlichkeit ihres eigenen Betriebes zu gefährden.

Gerbel faßt in seinem Buche „Kraft- und Wärmewirtschaft
in der Industrie" [1]) die sich aus einer guten Wärmewirtschaft er-
gebenden Anforderungen an die Elektrizitätswirtschaft wie folgt
zusammen:

„Dies weist aber auf einen neuen Weg für die Entwicklung
der Elektrizitätswerke. Die Dampfkraftelektrizitätswerke nehmen
immer größere Dimensionen an, denn durch die Zentralisierung
werden große wirtschaftliche Vorteile, Verbilligung und Verein-
fachung erzielt. Demgegenüber erheischt die volkswirtschaftliche

---

[1]) Verlag von Julius Springer 1918, S. 92.

Bedeutung der rationellen Abwärmeverwertung eine Dezentralisation der Werke, eine Zerteilung in kleinere Einheiten, deren Größe durch das Gebiet gegeben ist, welches mit der Abwärme versorgt werden kann. Daraus resultiert eine Unterteilung, bei welcher natürlich noch eine Menge andere Momente für die Gliederung der Versorgungsgebiete in Frage kommen. Wenn nun auch nicht damit zu rechnen ist, daß bestehende Städtezentralen ohne weiteres unterteilt und mit ihren Teilen an verschiedene Stellen der betreffenden Städte umgestellt werden, so wird die Möglichkeit der Abfallwärmeverwertung zumindest bei Erweiterungsnotwendigkeiten in Hinkunft nicht unberücksichtigt bleiben dürfen. In deutschen Städten wird diesen Erkenntnissen bereits Rechnung getragen; auf Grund der guten Erfolge, die in München mit der *Schwabinger Anstalt* erzielt wurden, wird beispielsweise beim Neubau *des dortigen Technischen Museums* eine Elektrizitätszentrale, deren Abwärme zur Beheizung des Museums dienen wird, als Erweiterung der Münchener Elektrizitätswerke gebaut".

Ein weiteres Beispiel großzügiger Abwärmeverwertung gibt das Kraftwerk Fortuna der Rheinischen Aktiengesellschaft Fortunagrube in Bergheim a. d. Erft. In der dort befindlichen Brikettfabrik werden große Mengen Fabrikationsdampf niederer Spannung benötigt. In 18 großen Dampfkesseln wird aber Dampf hoher Spannung erzeugt und zum Betriebe von Dampfturbinen, deren 5 Stück von ca. 32 000 kW Leistungsfähigkeit vorhanden sind, verwendet. Ein Teil des erzeugten Drehstromes wird, auf eine Spannung von 25 000 Volt transformiert, zum Teil den in der Nähe befindlichen Elektrowerken und der Stadt Köln geliefert, der andere Teil wird im Kreise Bergheim und zum Betriebe der Gruben verbraucht. Die Gestehungskosten sind entsprechend niedrig.

Für die Erzielung von Kohlenersparnissen ist es von besonderer Bedeutung, daß die Überzeugung für die Notwendigkeit derselben in alle Kreise getragen wird, daß auch wirklich das geschieht, was als notwendig erkannt ist. Dann werden wir nicht nur mit den zur Verfügung stehenden Brennstoffen auskommen, sondern wir werden auch noch ungeheure Ersparnisse, die mehrere Milliarden betragen, machen können. Das Wichtigste wird aber sein, daß die wirtschaftliche Schädigung, die unsere Industrie jetzt durch den Kohlenmangel zu ertragen hat, aufhört und dadurch indirekt riesige Verluste vermieden werden.

Vielleicht empfiehlt es sich auch, nach amerikanischem Muster, das Kino zu Hilfe zu nehmen, um Aufklärung über die Notwendigkeit und die Durchführung von Sparmaßnahmen zu verbreiten. Während des Krieges ist in Amerika zur Bekämpfung der Kohlenverschwendung der Film sehr geschickt verwendet worden, und es dürfte sicherlich auch bei uns von großem Erfolge sein, wenn man ihn systematisch ausbildete zur Erzielung einer wirtschaftlichen Verwendung der knappen Brennstoffbestände.

Der riesige Kohlenpreis wird vielleicht die Bemühungen zur Kohlenersparnis beträchtlich fördern, da alle Verbraucher immer wieder daran erinnert werden, den Betrieb billiger zu gestalten.

Trotz aller Kohlenknappheit werden wir in den nächsten Jahren die Kohlenausfuhr nicht ganz unterlassen können, da wir Lebensmittel und Rohstoffe, die wir einführen, mit Kohle bezahlen müssen. Wir werden also auch in den nächsten Jahren trotz allerschärfster Kohlenknappheit noch geringe Mengen ins Ausland schicken müssen. Wir werden aber versuchen müssen, später so viel Kohle wie nur irgend möglich für die Ausfuhr frei zu machen, da die Steinkohle eins der wichtigsten Produkte zur Bezahlung der für uns notwendigen Einfuhr ist. Wenn es also gelingt, durch Umstellung auf Braunkohlen, Torf, Ölschiefer usw. und durch Ausbau der Wasserkräfte, der Ausnutzung des Windes, der Ebbe und Flut Steinkohle zu sparen, so wird man diese zweckmäßig als Tauschobjekt für die notwendigen Rohstoffe und Lebensmittel verwenden müssen, und es ist wichtig, so schnell wie möglich Steinkohle für diesen Zweck frei zu machen, ohne das deutsche Wirtschaftsleben zu schädigen. Naturgemäß eignet sich aber zur Ausfuhr nur hochwertige Kohle, und es ist daher von besonderer Bedeutung, diese soweit irgend angängig, durch geringwertigere zu ersetzen.

In letzter Zeit sind schon verschiedene Einrichtungen getroffen worden, die dazu bestimmt sind, eine bessere Wärmewirtschaft zu erzielen. Der Verein Deutscher Ingenieure hat eine „Hauptstelle für Wärmewirtschaft"[1]) geschaffen, die einen Austausch aller Erfahrungen ermöglichen soll. Sie hat folgende Richtlinien aufgestellt.

Die Selbstverwaltung in der Wärmewirtschaft.

Eine durchgreifende Besserung in der Wärmewirtschaft kann nur dann erzielt werden, wenn ihre volkswirtschaftliche Bedeu-

---

[1]) ETZ 1919, S. 619.

tung vom ganzen Volke voll erfaßt wird und alle beteiligten Stellen, vom Heizer bis zum Fabrikleiter, an ihrem Ausbau tätig mitwirken. Der Staat kann die erforderliche Kleinarbeit nicht leisten und auch ausreichende Mittel und Kräfte nicht aufbringen. Er kann die lebensvolle Betätigung der werktätigen Schichten nicht ersetzen, muß sich vielmehr auf regelnde Tätigkeit beschränken. In dem Maße, in dem freiwillige Selbsthilfe dem gewollten Ziele zustrebt, wird behördlicher Zwang entbehrlich.

Grundsätzlich müssen alle sachverständigen Kräfte (Fachvereine, beratende Ingenieure usw.) und alle in Betracht kommenden ausführenden Stellen für die Besserung der Wärmewirtschaft wirksam gemacht werden. Besonders zweckmäßig erscheint die Einrichtung von Wärmewirtschaftsstellen, deren Aufbau und Ziele im folgenden näher behandelt werden.

Aufgabe der Wärmewirtschaftsstellen.

Wärmewirtschaftsstellen als Selbstverwaltungskörper der Industrie sollen dieser als technisch-sachkundige Berater für Ersparnismaßnahmen auf dem Gebiete der Wärmewirtschaft zur Seite stehen. Sie sollen hierbei vorwiegend Rat und Unterstützung in der Durchführung solcher Maßnahmen geben, die ohne erhebliche Anlagekosten in kurzer Zeit möglichst große Brennstoffersparnisse herbeiführen.

Theoretisch-wissenschaftliche Forschungen gehören nicht in den Arbeitsbereich der Wärmewirtschaftsstellen.

Eine weitere Aufgabe der Wärmewirtschaftsstellen besteht im Zusammenfassen der Erfahrungen auf ihren Arbeitsgebieten.

Die Wärmewirtschaftsstellen der Industrie müssen zweckmäßig ihre Aufgabe im Zusammenarbeiten mit den wirtschaftlichen Abteilungen der Dampfkessel-Überwachungsvereine, soweit solche bestehen, lösen. Einige der letzteren sind bereits derart aufgebaut, daß sie selbst die gekennzeichneten Aufgaben für die Wärmewirtschaft im allgemeinen oder für bestimmte Zweige derselben erfüllen. In solchen Fällen erübrigt sich die Gründung besonderer Wärmewirtschaftsstellen. Vielfach wird das Bedürfnis nach fachlich-technischer Sonderberatung einzelner Industriezweige auftreten, und es wird den in Frage kommenden Industrien überlassen bleiben müssen, zu entscheiden, ob sie die Bildung einer Wärmewirtschaftsstelle für nötig erachten.

Aufgabe der Hauptstelle für Wärmewirtschaft.

Eine wesentliche Aufgabe der Hauptstelle für Wärmewirtschaft
ist es, die Industrie zur sparsamen Wärmewirtschaft anzuregen.
Sie soll die industriellen Kreise beispielsweise bei der Bildung von
Wärmewirtschaftsstellen im vorstehenden Sinne unterstützen, die
Tätigkeit dieser Stellen zusammenfassen, ihre organisatorischen
und praktischen Ergebnisse sammeln. Zu diesem Zwecke über-
mittelt die Hauptstelle die vorhandenen Erfahrungen über zweckmäßige Organisation, Arbeitsweise und Arbeitsteilung den in der
Gründung bzw. im Ausbau begriffenen Wärmewirtschaftsstellen.
Die Hauptstelle wird danach trachten zu vermeiden, daß Doppel-
arbeit geleistet wird. Sie soll in der Lage sein, über ein beliebiges
Gebiet der Wärmewirtschaft Auskunft zu beschaffen und Quellen
nachzuweisen. Ferner soll sie selbst oder durch die angeschlossenen
Stellen für die Aus- und Weiterbildung der oberen, mittleren und
unteren wärmetechnischen Überwachungsorgane sorgen.

Der Verein Deutscher Eisenhüttenleute hat seinerseits eine
Wärmestelle ins Leben gerufen, die als Überwachungsstelle für
Brennstoff- und Energiewirtschaft auf Eisenwerken gedacht ist.
Sie soll zur Begutachtung, Beratung und Belehrung dienen und
die Sammlung sowie den Austausch von Erfahrungen herbeiführen. Diese Wärmestelle hat im Kreise ihrer Mitglieder die Einrichtung von Meßbüros auf den einzelnen Werken in die Wege
geleitet und eine Statistik des Wärmeverbrauchs vorbereitet.
Die Meßbüros sollen eine dauernde Kontrolle der Feuerungen
und Maschinen durchführen und mit der Wärmestelle stets in
Fühlung bleiben. Ihre Arbeit ist auf folgende Richtlinien ausgebaut.

Richtlinien
für den Zusammenschluß von Eisenwerken zu einer Überwachungs-
stelle für Brennstoff- und Energiewirtschaft auf Eisenwerken.

Vorbehaltlich der späteren Aufstellung einer Satzung wird die
Tätigkeit der Stelle und das Verhältnis der angeschlossenen Werke
zu ihr nach folgenden Richtlinien geregelt:

I. Arbeitsbereich.

Die Stelle bezweckt die Unterstützung der angeschlossenen
Werke in allen Angelegenheiten der Wärme- und Energiewirtschaft
durch Begutachtung, Beratung, Belehrung, Klärung wichtiger

Fragen und Sammlung einschlägiger Zahlen und Erfahrungen. Für ihre Tätigkeit sind die Beschlüsse des aus den angeschlossenen Werken gewählten Beirates maßgebend. Letzterer bestimmt ferner die Höhe der zur Deckung der Unkosten zu erhebenden Umlage.

II. Rechte der angeschlossenen Werke.

1. Anspruch auf Auskunft in allen einschlägigen wissenschaftlichen, technischen und wirtschaftlichen Fragen nach dem jeweiligen Stande der Wissenschaft und Technik.
2. Beratung bei allen Neuanlagen.
3. Laufende Beratung durch Werksbesuche.
4. Bekanntgabe der Ergebnisse von Versuchen auf wirtschaftlich wichtigen Gebieten.
5. Benutzung etwaiger von der Überwachungsstelle erworbener Schutzrechte während der Dauer der Zugehörigkeit zu der Stelle.
6. Entleihung von Meßgeräten.
7. Anforderung von Gutachten und der Leitung von Garantie- und Abnahmeversuchen gegen Erstattung der Selbstkosten.
8. Regelmäßige Probenahme und Brennstoffuntersuchungen gegen feste Gebühren.
9. Schutz der Betriebsgeheimnisse durch Verpflichtung der Beamten zur Amtsverschwiegenheit; im Arbeitsgebiet der Überwachungsstelle ist den Beamten Amtsverschwiegenheit zur Pflicht gemacht gegen nicht angeschlossene Werke und in solchen Angelegenheiten, in denen die angeschlossenen Werke selbst Schutzrechte angemeldet haben und Verschwiegenheit verlangen.

III. Pflichten der Mitglieder.

1. Förderung der Bestrebungen zur Ersparnis an Brennstoffen.
2. Grundsätzliche Verpflichtung zur Führung einer geordneten und sparsamen Wärmewirtschaft unter möglichster Ausnutzung der Abwärme und der als Nebenerzeugnis hüttentechnischer Vorgänge erzeugbaren Energie.
3. Führung einer eingehenden Statistik der monatlich verbrauchten Brennstoff- und Energiemengen unter Angabe der Erzeugnisse nach Art und Menge.
4. Verpflichtung zum Erfahrungsaustausch, soweit nicht Schutzrechte angemeldet sind.

5. Grundsätzliche Bereiterklärung zur Vornahme von Versuchen unter Teilnahme der Beamten der Stelle zur Klärung wichtiger Fragen, falls nach dem Ermessen der Werksleitung die verfügbaren Mittel und Kräfte sowie die Verhältnisse auf dem Werke dies gestatten.

6. Bewilligung freien Zutritts der mit Ausweis versehenen Beamten der Stelle nach Anmeldung bei den zuständigen Werksbeamten zu allen einschlägigen Werksanlagen, falls die Werksleitung keinen begründeten Einwand erhebt.

7. Bereiterklärung, alle wesentlichen Neuanlagen und Änderungen bestehender wärmeerzeugender, -verbrauchender und -weiterleitender Einrichtungen der Stelle baldmöglichst mündlich oder schriftlich zu melden und, falls nicht eine unzulässige Verzögerung hierdurch eintritt, vor der Ausführung ihre Meinung zu hören.

8. Verpflichtungen zur Zahlung eines Beitrages zu den Unkosten, und zwar:

    a) einer Beitrittszahlung von 500 Mark für jedes örtlich geschlossene Werk;

    b) eines Monatsbeitrages für jede verbrauchte Tonne Kohlen und für jede verbrauchte Tonne Koks, jedoch mindestens 200 Mark für jedes Mitglied.

    Für geringwertige Brennstoffe und bei ungewöhnlichen Verhältnissen können von Fall zu Fall besondere Vereinbarungen getroffen werden.

IV. Beitritt.

1. Der Beitritt erfolgt durch Unterschrift dieser Richtlinien und Zahlung des Beitrittsbetrages.

2. Der Austritt kann mit einmonatlicher Kündigungsfrist jeweils zum 1. Januar oder 1. Juli eines Jahres erklärt werden.

In ähnlicher Weise hat die Landeskohlenstelle in München eine Brennstofftechnische Abteilung [1]) eingerichtet, wie auch der größte Teil der Kohlenwirtschaftsstellen im gleichen Sinne sich betätigt.

Die Vereinigung der Elektrizitätswerke hat kürzlich in Gemeinschaft mit dem Verein Deutscher Ingenieure einen Kursus über

---

[1]) ETZ 1918, S. 373.

Brennstoffwirtschaft [1]) durchgeführt, an dem eine große Zahl Fachleute teilgenommen hat. Ähnliche Kurse finden in nächster Zeit in Rheinland-Westfalen und in Magdeburg statt, und es ist erwünscht, daß solche Kurse in großem Umfange auch weiterhin in verschiedenen Teilen Deutschlands, ganz besonders aber in Industrie-Zentren abgehalten werden.

Nach einem Bericht des Reichskohlenrates sind bezüglich Schaffung industrieller Wärmestellen folgende Maßnahmen getroffen worden:

Der Deutsche Zementbund gliedert eine gemeinsame Wärmestelle zunächst an sein Laboratorium in Karlshorst an: der Verband keramischer Gewerke Deutschlands bildet in Bonn eine Wärmestelle; der Verein der Kalkwerke hat seinen Ofen-Ausschuß mit der Vornahme gemeinsamer Versuche zur Verbesserung der Wärmewirtschaft des Kalkofens betraut; der Verband der Glasindustriellen Deutschlands hat die Errichtung einer wärmetechnischen Beratungsstelle beschlossen; durch Anstellung von Wärmeingenieuren bei verschiedenen größeren Werken wird die Errichtung von regionalen Zweigstellen vorbereitet; der Zentralverband der Papier-, Papp-, Zellstoff- und Holzstoff-Fabriken hat seinen Technischen Ausschuß mit den Vorarbeiten zur Errichtung einer Wärmestelle betraut; die Reichsarbeitsgemeinschaft Chemie hat ihren Bezirksarbeitsgemeinschaften die Errichtung von Bezirkswärmestellen empfohlen; die Textilindustrie hat ihrem Textilforschungsinstitut in Dresden eine wärmewirtschaftliche Abteilung angegliedert; außerdem beabsichtigt die Reichstextilstelle die Ausbildung von wärmewirtschaftlichen Überwachungsstellen. Weitere Wärmestellen befinden sich in Vorbereitung bei der Lederindustrie, der Brauindustrie und der landwirtschaftlichen Trocknungsindustrie. Für die Hausbrandfragen ist ein Sonderausschuß eingesetzt worden.

Der Übersichtlichkeit halber sind nachstehend die in diesem Buche zur Verbesserung der Kohlenlage erwähnten Maßnahmen zusammengestellt.

---

[1]) ETZ 1919, S. 514.

Liste der zur Beseitigung der Kohlennot zu ergreifenden Maß nahmen.

Erhöhung der Belegschaft der Kohlengruben.
Bau von Wohnungen für die Bergarbeiter.
Steigerung der Arbeitsleistung der Bergarbeiter.
Verbesserung der Betriebseinrichtungen in den Gruben.
Vermehrung der Zahl der Gruben (Schächte).
Hebung der Güte der Kohle.
Verbesserung der Wäschen.
Verbesserung der maschinellen Einrichtungen.
Verminderung der Verluste im Bergbau.
Verminderung des Selbstverbrauches der Zechen.
Verbesserung der Arbeitsverhältnisse in den Gruben.
Vermehrung der Torfgewinnung.
Vermehrung des Holzeinschlages (vorübergehend).
Vermehrung der Petroleumgewinnung.
Sparsamkeit an allen Stoffen, für deren Herstellung Brennstoffe
  aufgewendet werden.
Weitgehendste Ausnutzung aller Wasserkräfte.
Ausnutzung der Wasserkräfte zu allen Stunden des Tages und der
  Nacht.
Ausnutzung von Ebbe und Flut.
Ausnutzung der Bewegung der Wellen.
Ausnutzung des Windes.
Ausnutzung der Sonnenstrahlung.
Ausnutzung der Erdwärme.
Gewinnung elektrischer Arbeit aus der Luft.
Direkte Arbeitserzeugung aus der Kohle.
Vergasung der Kohle.
Vergasung geringwertiger Brennstoffe.
Verbesserung der Heizeinrichtungen.
Verbindung der Heiz- und Kraftanlagen.
Weitgehendste Verwertung der Abwärme.
Vorbenutzung von Dampf für Heizzwecke.
Verbesserung der industriellen Feuerungen.
Bessere Ausbildung der Heizer.
Sparsamkeit beim Transportieren der Kohle
Sachgemäße Betriebskontrolle.
Verwendung von Kohlenstaubfeuerungen.
Speisewasser-Vorwärmung.

Ausnutzung des Abdampfes von Speisepumpen.

Ausnutzung des Kondensats von Wasserabscheidern.

Ausnutzung des Abblasewassers von Kesseln.

Ausnutzung der Abwärme von Dynamos und Motoren.

Steigerung des Dampfdruckes in Kraftwerken.

Verbesserung der Kesselanlagen in Kraftwerken.

Weitgehendste Beseitigung von „Spitzen" und Einsenkungen bei den Kraftwerken.

Erhöhung der Nachtbelastung bei den Kraftwerken.

Ausführung von Kuppelungsleitungen zwischen benachbarten Kraftwerken.

Anschluß von Einzelanlagen, soweit sie wärmewirtschaftlich schlecht arbeiten, an elektrische Kraftwerke.

Anschluß *kleiner* Elektrizitätswerke, soweit sie wärmewirtschaftlich schlecht arbeiten, an große Kraftwerke.

Erziehung der Kraft- und Lichtverbraucher zur Sparsamkeit.

Durchführung des elektrischen Betriebes der Vollbahnen.

Wirtschaftliches Fahren bei den Straßenbahnen.

Verringerung von Haltestellen.

Einführung von Kugel- und Rollenlagern.

Verbesserung der Antriebe in den Fabriken und beim Handwerk.

Zweckmäßige Ausnutzung der Beleuchtung.

Erziehung der Werkmeister und Arbeiter zur Sparsamkeit mit Kraft und Licht.

Weitgehendste Ausnutzung geringwertiger Brennstoffe.

Weitgehendste Ausnutzung von Ölschiefer.

Ausnutzung des Mülls zur Kraft- und Lichterzeugung.

Verbesserung der Beförderungsverhältnisse der Kohle.

Vermehrung der Lokomotiven und Wagen.

Verbesserung des Zustandes der Lokomotiven und Wagen.

Weitgehendste Ausnutzung des Wassertransportes.

Weitgehendste Verwendung der Arbeitsübertragung auf elektrischem Wege.

Einschränkung der Brikettverwendung zur Krafterzeugung.

Großzügige und einheitliche Behandlung aller Möglichkeiten für die Arbeitsübertragnng.

Weitgehendste Aufklärung des Volkes über die Notwendigkeit und Durchführbarkeit von Sparmaßnahmen.

Durchführung von Ausbildungskursen.

Benutzung des Films zur Aufklärung.

Kurz zusammengestellt ergeben sich danach als Hauptmaßnahmen zur Beseitigung der Kohlennot folgende:

1. Vermeidung jedes überflüssigen Verbrauches von Brennstoffen.
2. Ersatz der Brennstoffe durch die Kraft des Wassers, des Windes, der Ebbe und Flut usw.
3. Weitgehendste Verwendung geringwertiger Brennstoffe je nach Lage der Fund- und Verbrauchsstelle.
4. Höchste Wirtschaftlichkeit im Verbrauch von Brennstoffen und der mit ihrer Hilfe gefertigten Erzeugnisse.
5. Steigerung der Förderung von Brennstoffen.
6. Entlastung der Transportmittel und Verbesserung derselben.

Es wird naturgemäß nicht möglich sein, alle diese Forderungen in kurzer Zeit zu erfüllen. Tiefgreifende Änderungen an Einrichtungen industrieller Anlagen werden notwendig sein, die zu schaffen Jahre dauert, ganz abgesehen davon, daß die wirtschaftliche Unsicherheit vielfach die Durchführung hindern wird. Es wird aber auch gar nicht möglich sein, daß all diese Umbauten und Neubauten so schnell fertiggestellt werden können. Es wird an dem dafür notwendigen Kapital fehlen, so daß das Programm für die vorzunehmenden Änderungen auf viele Jahre zum Teil auf Jahrzehnte verteilt werden muß. Eine ganze Reihe von Möglichkeiten der Verbesserungen sind aber schon sofort oder in ganz kurzer Zeit durchführbar und bei diesen müßte unbedingt eingesetzt werden. Eine Reihe von Änderungen und Verbesserungen sind deswegen noch nicht durchführbar, weil die notwendig technischen Verfahren noch nicht genügend geklärt sind und die notwendigen Apparate und Maschinen noch nicht ausprobiert sind. Hier würde es sich aber darum handeln, Versuchsanlagen nach Möglichkeit zu beschleunigen und zu unterstützen, damit der weiter einzuschlagende Weg tunlichst bald klar gelegt wird. Eine ungeheure Arbeitsmenge ist zu erledigen, um das erstrebenswerte Ziel zu erreichen, und es ist zu hoffen, daß die deutschen Ingenieure sich dieser Arbeiten mit Erfolg annehmen werden.